综合布线实践教程

主　编　雷家星　罗茹娟

副主编　杨振英　谢　聪　胡　洋　洪锐锋

参　编　李伟群　邱晓慧　王伟雄

U0239553

机械工业出版社

本书由 4 个项目组成，主要介绍网络综合布线系统工程技术、常用标准以及常用器材和工具、各个子系统的工程技术、综合布线配线端接工程技术以及光纤熔接技术。

本书内容充实，并具有很强的实践性，遵循以项目为导向的基本原则，重点讲述网络工程技术特点和技能要求，并给出了大量工程实践经验和施工技巧。另外，为了配合实训产品的使用，在重点章节后安排了丰富的巩固实训模块，并在附录中给出了对应的实训报告，方便教师教学和学生实训操作，突出理论与项目实践相结合、实训与考核相结合的特点。

本书可以作为高职院校计算机网络技术、信息管理与信息系统以及其他电子信息类相关专业的教材，也可作为从事综合布线工程的相关人员的参考及培训用书。

为方便教学，本书配备操作视频、电子课件实训指导、习题解答、模拟试题等教学资源。凡选用本书作为教材的教师均可登录机械工业出版社教育服务网 www.cmpedu.com 免费下载。如有问题请致信 cmpgaozhi@sina.com，或致电 010 - 88379375 联系营销人员。

图书在版编目（CIP）数据

综合布线实践教程／雷家星，罗茹娟主编. —北京：
机械工业出版社，2018.1（2025.1重印）
ISBN 978 - 7 - 111 - 58786 - 6

Ⅰ.①综… Ⅱ.①雷… ②罗… Ⅲ.①计算机网络-
布线-高等职业教育-教材 Ⅳ.①TP393.033

中国版本图书馆 CIP 数据核字（2017）第 320075 号

机械工业出版社（北京市百万庄大街 22 号 邮政编码 100037）
策划编辑：刘子峰 责任编辑：刘子峰
责任校对：王 欣 责任印制：孙 炜
北京中科印刷有限公司印刷

2025 年 1 月第 1 版·第 4 次印刷
184mm×260mm·10.5 印张·238 千字
标准书号：ISBN 978 - 7 - 111 - 58786 - 6
定价：34.00 元

电话服务 网络服务
客服电话：010 - 88361066 机 工 官 网：www.cmpbook.com
　　　　　010 - 88379833 机 工 官 博：weibo.com/cmp1952
　　　　　010 - 68326294 金 书 网：www.golden-book.com
封底无防伪标均为盗版 机工教育服务网：www.cmpedu.com

高职高专面向就业导向实践教程系列
编委会名单

序

    "高职高专面向就业导向实践教程系列"是2013年广东省教育厅立项课题"面向大学生就业能力的实践教学质量评价体系研究与构建"的研究成果，自编写以来，得到了许多高等院校和职业技术学院领导的关心与厚爱，也获得了广大师生的支持和认可。在此，首先对所有关心、帮助过此套丛书编写的人员表示深深的敬意。

    所谓"就业导向"不只是一个简单的概念，而是包含了深刻的哲理。学习的目的，特别是对于未来想从事工程师职业的学生而言，不仅仅是学习某一门特定的学科知识，而是应该更进一步，获得如何利用这些知识去解决生产实际问题的能力，也就是动手能力。同时，实践教学的内容是面向就业导向的研究前提与基础，也是建设国家示范性高职院校的重点内容之一，是高职人才培养的方式与定位建设的重要内容，是提高教学质量的核心，也是教学改革的重点和难点。面向就业导向的实践教学主要内容是根据就业岗位中的实际需求，帮助学生了解并掌握岗位技能，解决岗位实际问题，而这种解决问题的能力只有从实践中才能获得。当然，单纯地实践也无法获得真正的能力，关键是如何从实践的经验和体会中归纳出共性的知识，建立起知识体系，然后再将这些知识重新应用到新的实践当中去，这也是我们在未来实际工作中所必须采取的学习和工作方法。因此，帮助学生在大学阶段的学习中掌握自我学习和提高的方法，是编写本系列教材的根本目的。

    为了使高职院校建立一套完整的具有高等职业教育特色的就业导向实践教学体系，以培养出适合企业需要的紧缺的高技能人才，本课题研究组在吸取其他高职院校建设经验的同时，消化吸收国内外各类高职课程改革与建设成果，建设了一套符合高职教学理念、适合自身特点的实践教学课程体系。本系列教材，就是将这套研究理论有机地融入其中，并按照学生未来学习和工作的方法编写而成的。做到了这一点，才是真正实践了就业导向的哲学理念：实践、归纳、推理和再实践。

项目总策划   胡 洋

2017 年 5 月于广州

前　言

"综合布线"是计算机网络技术、信息管理与信息系统以及其他电子信息类相关专业的必修课程。然而随着计算机行业的飞速发展，网络专业教学及工程实训、实践在某些方面已经不能适应当前实际发展的需要，尤其是在教学过程中迫切需要对当前的教学与实践环节进行改革和完善，适应不断变化的市场需求，这对培养应用型人才也有着积极的意义。

网络布线具有技术综合、实践性强的特点，一个工程往往需要多方面知识。为了引导和规范综合布线课程的教学，指导学生正确使用综合布线实训室，我们根据以项目训练为导向的原则，配合网络配线端接实训装置、综合布线实训装置等主要设备的功能和特点编写了本书，重点突出综合布线的工程技术和岗位技能训练。

本书共4个项目：项目1、项目2主要介绍网络综合布线系统工程技术、常用标准以及常用器材和工具；项目3主要介绍各个子系统的工程设计；项目4主要介绍综合布线配线端接工程技术以及光纤熔接技术。在每个项目中首先介绍了基本概念，重点讲述网络工程技术特点和技能要求，并给出了大量工程实践经验和施工技巧。另外，为了配合实训产品的使用，在重点章节后安排了丰富的巩固实训模块，并在附录中给出了对应的实训报告，方便教师教学和学生实训操作，突出理论与项目实践相结合、实训与考核相结合的特点。

本书由雷家星、罗茹娟任主编，杨振英、谢聪、胡洋、洪锐锋任副主编，李伟群、邱晓慧和王伟雄参编。本书在编写过程中，参考了很多业内外人士的观点、书籍和文章，在此谨向他们表示真诚的感谢。

由于编者水平有限，书中难免存在错误和不妥之处，恳请广大读者批评指正。

编　者

目　录

项目1 网络综合布线系统基础知识

学习概要

1. 了解网络综合布线技术的发展历程。
2. 掌握综合布线系统的基本概念。
3. 认识综合布线系统工程的 7 个子系统。

内容概要

1. 网络综合布线技术的发展。
2. 综合布线系统的基本概念。
3. 综合布线系统工程的各个子系统。
4. 综合布线系统工程各个子系统的实际应用。

1.1 网络综合布线技术的发展

在我国，综合布线技术标准和产品的应用已经有二十多年的时间了，综合布线系统在我国的整个发展过程，大致经过了以下 4 个阶段。

第一阶段（1992~1995 年）为引入、消化、吸收阶段。这一阶段，由国际著名通信公司、计算机网络公司推出了结构化综合布线系统，并将结构化综合布线系统的理念、技术、产品带入中国。布线系统性能等级以三类（16MHz）产品为主。

第二阶段（1995~1997 年）为推广应用阶段。这一阶段，开始广泛地推广应用和关注工程质量。网络技术更多地采用 10/100Mbit/s 以太网和 100Mbit/s FDDI 光纤网，基本上淘汰了总线型和环形网络。中国工程建设标准化协会通信工程委员会起草了《建筑与建筑群综合布线系统工程设计规范》CECS72：97（修订本）和《建筑与建筑群综合布线系统工程施工验收规范》CECS89：97。同时，国外标准也不断推陈出新，以 TIA/EIA 568A、ISO/IEC 11801、EN 50173 等欧美及国际新标准为主。

第三阶段（1997~2000 年）为快速发展阶段。这一阶段，网络技术在 10/100Mbit/s 以太网的基础上，提出 1000Mbit/s 以太网的概念和标准。我国国家标准和行业标准也正式出台，《建筑与建筑群综合布线系统工程设计规范》GB/T 50311—2000 和《建筑与建筑群综合布线系统工程验收规范》GB/T 50312—2000 以及我国通信行业标准《大楼通信综合布线系统》YD/T 926 正式发布和施行。同时，TIA/EIA 568A、ISO/IEC11801 和 EN 50173 等欧美及国际标准已开始包含了 6 类（200MHz）布线标准的草案。

第四阶段（2000 年至今）为高端综合布线系统应用和发展阶段。这一阶段，随着计算机网络技术的发展，千兆以太网标准出台，超 5 类、6 类布线产品普遍应用，光纤产品开始广泛应用。

1.2 综合布线系统的基本概念

综合布线系统就是用数据和通信电缆、光缆、各种软电缆及有关连接硬件构成的通用布线系统，是能支持语音、数据、影像和其他控制信息技术的标准应用系统。它是网络系统的传输通道和基础，从网络上获取的各种信息流都是通过综合布线系统传输到计算机中的，因此如果没有综合布线系统，就无法获取各种信息。

例如，我们在学校的教室或者宿舍上网时，都在使用校园网，校内全部计算机就是通过校园综合布线系统连接在一起的，也是通过综合布线系统的电缆和光缆相互传输各种文字、音乐、图片、视频等信息的。

1.3 综合布线的基本形式

1.3.1 基本型综合布线系统

图 1-1 所示的综合布线工程教学模型就是一个基本型综合布线工程典型案例。其特点是：

1）满足用户语音和数据等基本使用要求。

2）不考虑更多未来变化需求。

3）争取以高性价比方案满足用户要求。

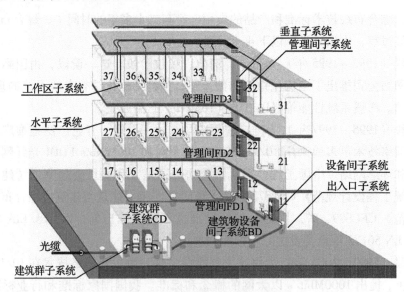

图 1-1 基本型综合布线系统图

1.3.2 增强型综合布线系统

增强型综合布线系统的突出特点是不仅具有增强功能，而且具有扩展功能。它能够支持电话语音和计算机数据应用，能够按照需要利用端子板进行管理。其主要特征如下：

1）每个工作区有多个信息插座，不仅机动灵活，而且功能齐全。

2）任何一个信息插座都可提供语音和高速数据应用功能。

3）按需要可利用端子板进行管理。

4）是一个能为多台数据设备制造部门环境服务的经济有效的综合布线方案。

5）采用气体放电管式过电压保护和能够自复的过电流保护。

1.3.3 综合型综合布线系统

综合型综合布线系统的主要特点是引入了光缆，可适用于规模较大的智能大楼。其基本配置升级要求包括：

1）在基本型和增强型综合布线系统的基础上增设光缆系统。

2）在每个基本型工作区的干线电缆中至少配有两对双绞线。

3）在每个增强型工作区的干线电缆中至少有 3 对双绞线。

综合布线系统所有设备之间的连接端子、塑料绝缘电缆或电缆环箍应有色标。不仅各个线对是用颜色识别的，而且线束组也使用同一图表中的色标。这样有利于维护检修，这也是综合布线系统的特点之一。

所有基本型、增强型、综合型综合布线系统都能支持语音、数据、图像等系统，能随工程的需要转向更高功能的布线系统。它们之间的主要区别在于：

1）支持语音和数据服务所采用的方式不同。

2）在移动和重新布局时实施线路管理的灵活性不同。

1.4 综合布线子系统的划分

按照《综合布线系统工程设计规范》GB 50311—2016 规定，参照综合布线工程教学模型，将综合布线系统工程按照以下 7 个部分进行分解：

1）工作区子系统。

2）水平子系统。

3）垂直子系统。

4）建筑群子系统。

5）设备间子系统。

6）进线间子系统。

7）管理间子系统。

1.4.1 工作区子系统

1. 概念

工作区子系统（图 1-2）又称为服务区子系统，它由跳线与信息插座所连接的设备组成，其中信息插座包括墙面型、地面型、桌面型等，常用的终端设备包括计算机、电话机、传真机、报警探头、摄像机、监视器、各种传感器、音响设备等，如图 1-3 所示。

2．设计要点

1）从 RJ-45 插座到计算机等终端设备间的连线宜用双绞线，且不要超过 5m。

2）RJ-45 插座宜首先考虑安装在墙壁上或不易被触碰到的地方。

3）RJ-45 信息插座与电源插座等应尽量保持 20cm 以上的距离。

4）对于墙面型信息插座和电源插座，其底边距离地面一般应为 30cm。

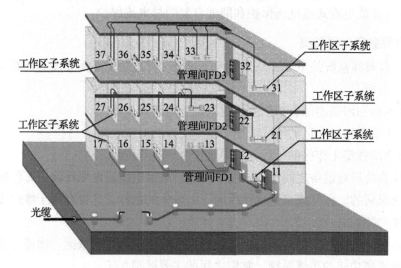

图1-2 工作区子系统

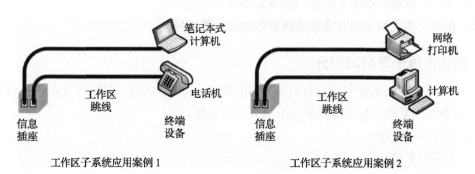

工作区子系统应用案例1   工作区子系统应用案例2

图1-3 工作区子系统的组成和应用案例

1.4.2 水平子系统

1．概念

水平子系统一般由工作区信息插座模块、水平缆线、配线架等组成，实现工作区信息插座和管理间子系统的连接，包括所有缆线和连接硬件。水平子系统一般使用双绞线电缆，常用的连接器件有信息模块、面板、配线架、跳线架等附件。

2．原理

图1-4 所示为水平子系统原理图，实际上就是永久链路，它在建筑物土建阶段埋管，在安装阶段首先穿线，然后安装信息模块和面板，最后在楼层管理间机柜内与配线架进行端接。

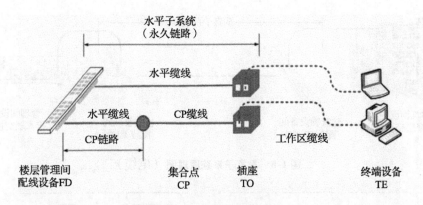

图 1-4 水平子系统原理图

在图 1-5 所示案例中，一层 11 ~ 17 号房间的水平缆线采用地面暗埋管布线，二层 21 ~ 27 号房间的水平缆线采用楼道桥架和墙面暗埋管布线，三层 31 ~ 37 号房间的水平缆线采用吊顶布线。

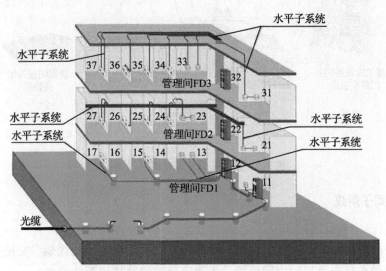

图 1-5 水平子系统的组成和应用案例

1.4.3 垂直子系统

1. 概念

垂直子系统把建筑物各个楼层管理间的配线架连接到建筑物设备间的配线架，也就是负责连接管理间子系统到设备间子系统，实现主配线架与中间配线架的连接。

2. 原理

垂直子系统由管理间配线架 FD、设备间配线架 BD 以及它们之间连接的缆线组成。这些缆线包括双绞线电缆和光缆。一般这些缆线都是垂直安装的，因此称为垂直子系统，如图 1-6、图 1-7 所示。

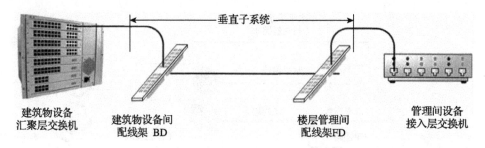

图 1-6　垂直子系统原理图（电缆）

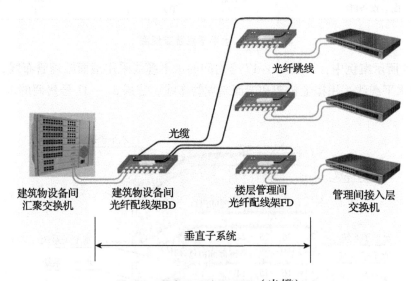

图 1-7　垂直子系统原理图（光缆）

1.4.4　管理间子系统

1. 概念

管理间子系统也称电信间或配线间，是专门安装楼层机柜、配线架、交换机的楼层管理间。它一般设置在每个楼层的中间位置，主要安装建筑物楼层配线设备。

2. 设计

在进行新建建筑物弱电设计时应该考虑独立的弱电井，将综合布线系统的楼层管理间设置在弱电井中。图 1-8 为独立式管理间示意图。

对于信息点较少或者基本型综合布线系统，也可以将楼层管理间设置在房间的一个角或者楼道内。当管理间在楼道时，必须使用壁挂式机柜。

图 1-9 所示为管理间子系统应用案例，为节约空间，将管理间设置在房间的一个区域。

一层管理间位于 12 号房间，并且连接 11 号房间的建筑物设备间和一层水平子系统。

二层管理间位于 22 号房间，并且连接 11 号房间的建筑物设备间和二层水平子系统。

三层管理间位于 32 号房间，并且连接 11 号房间的建筑物设备间和三层水平子系统。

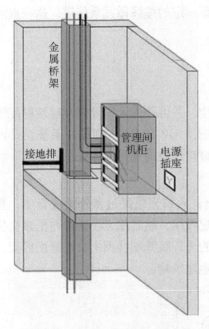
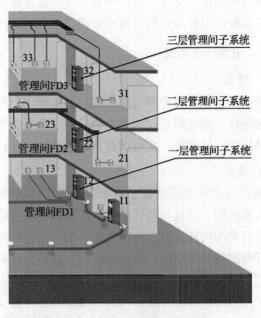

图 1-8　独立式管理间示意图　　　　图 1-9　管理间子系统应用案例

1.4.5　设备间子系统

1. 概念

设备间子系统就是建筑物的网络中心，有时也称为建筑物机房。一般智能建筑物都有一个独立的设备间，因为它是对建筑物的全部网络和布线进行管理和信息交换的地方。

2. 原理

图 1-10 所示为设备间子系统原理图，可以看出，建筑物设备间配线设备 BD 通过电缆向下连接建筑物各个楼层的管理间配线架 FD1、FD2、FD3，向上连接建筑群汇聚层交换机。

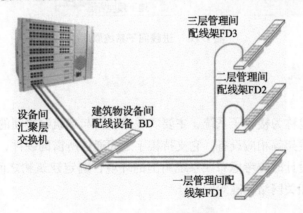

图 1-10　设备间子系统原理图

综合布线系统设备间的位置设计非常重要，因为各个楼层管理间的信息只有通过设备间才能与外界连接和进行信息交换，设备间是全楼信息的出口和入口。如果设备间出现故障，将会影响全楼信息交流。设计设备间时一般应该预留一定的缆线做冗余信道，这一点对于综合布线系统的可扩展性和可靠性来说是十分重要的。

1.4.6 进线间子系统

1. 概念

进线间是建筑物外部通信和信息管线的入口部位，并可作为入口设施和建筑群配线设备的安装场地。进线间是《综合布线系统工程设计规范》GB 50311—2007 在系统设计内容中专门增加的，以避免一家运营商自建进线间后独占该建筑物的宽带接入业务。

2. 原理

图 1-11 所示为进线间子系统原理图，可以看出，入口光缆经过室外预埋管道，直接布线进入进线间，并且与尾纤熔接，端接到入口光纤配线架，然后用光缆跳线与汇聚交换机连接。出口光缆的连接路由为，把与汇聚交换机连接的光纤跳线端接到出口光纤配线架，然后用尾纤与出口光缆熔接，通过预埋的管道引出到其他建筑物。

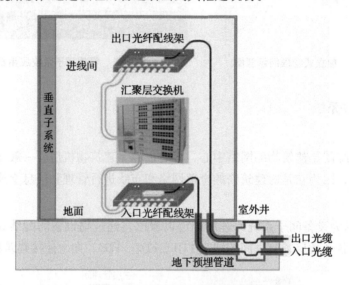

图 1-11　进线间子系统原理图

1.4.7 建筑群子系统

1. 概念

建筑群子系统也称为楼宇子系统，主要实现建筑物与建筑物之间的通信连接，一般采用光缆并配置光纤配线架等相应设备。它支持楼宇之间通信所需的硬件，包括缆线、端接设备和电气保护装置。设计时应考虑布线系统周围的环境，确定建筑物之间的传输介质和路由，并使线路长度符合相关网络标准规定。

2. 原理

图 1-12 所示为建筑群子系统原理图，可以看出，1 号建筑群为园区网络中心，将入园光缆与建筑群光纤配线架连接，然后通过多模光缆跳线连接到核心交换机光口，再通过核心交换机和多模光缆跳线分别连接到 2 号建筑物和 3 号建筑物设备间的光缆跳线架，最后再通

过多模光缆跳线分别连接到相应的汇聚层交换机。各个建筑物之间通过室外光缆连接。

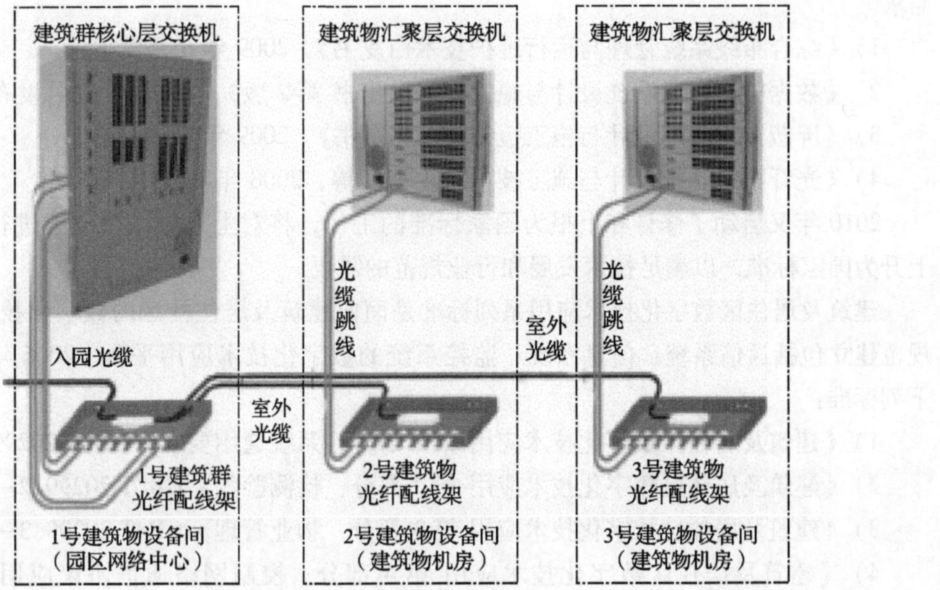

图 1-12 建筑群子系统原理图

3. 敷设方式

在建筑群子系统中，室外缆线敷设方式一般有管道、直埋、架空和隧道 4 种。具体情况应根据现场的环境来决定，见表 1-1。

表 1-1 建筑群子系统缆线敷设方式比较表

方式	优点	缺点
管道	提供比较好的保护；敷设容易、扩充、更换方便；美观	初期投资高
直埋	有一定保护；初期投资低；美观	扩充、更换不方便
架空	成本低、施工快	安全可靠性低；不美观；除非有安装条件和路径，一般不采用
隧道	保持建筑物的外貌，如有隧道，则成本最低、安全	热量或泄漏的热气会损坏电缆

1.5 综合布线系统常用标准

1.5.1 综合布线系统现行标准体系和组织机构

我国综合布线行业的标准由住房与城乡建设部归口和立项，中国工程建设标准化协会组织编写，城乡与住房建设部和国家质量监督检验检疫总局联合发布。2007 年 4 月 6 日正式发布两项国家标准，分别为《综合布线系统工程设计规范》GB 50311—2007、《综合布线系统工程验收规范》GB 50312—2007。2008 年以来，中国工程建设标准化协会信息通信专业委员会综合布线工作组又连续发布下列技术白皮书，以满足综合布线技术的快速发展和市场需求。

1）《综合布线系统管理与运行维护技术白皮书》，2009 年 6 月发布。

2）《数据中心布线系统设计与施工技术白皮书 第 2 版》，2010 年 10 月发布。

3）《屏蔽布线系统设计与施工检测技术白皮书》，2009 年 6 月发布。

4）《光纤配线系统设计与施工技术白皮书》等，2008 年 10 月发布。

2010 年又启动了修订和上报为国家标准的工作，将对上述技术白皮书进行修订，准备上升为国家标准，以满足技术发展和行业规范的需要。

建筑及居住区数字化技术应用系列标准是面向建筑及居住社区的数字化技术应用服务，规范建立包括通信系统、信息系统、监控系统的数字化技术应用平台，2006 年已经发布了下列标准：

1）《建筑及居住区数字化技术应用 第 1 部分：系统通用要求》GB/T 20299.1—2006。

2）《建筑及居住区数字化技术应用 第 2 部分：检测验收》GB/T 20299.2—2006。

3）《建筑及居住区数字化技术应用 第 3 部分：物业管理》GB/T 20299.3—2006。

4）《建筑及居住区数字化技术应用 第 4 部分：控制网络通信协议应用要求》GB/T 20299.4—2006。

2011 年 8 月发布了《居住区数字系统评价标准》CJ/T 376—2011，该标准是上面四个国家标准的测评标准，也就是标准的标准，具有非常重要的意义。

2012 年 12 月发布了《信息技术 住宅通用布缆》GB/T 29269—2012。

2014 年发布了《信息技术数据中心通用布缆系统》ISO/IEC 24764、《信息技术用户建筑群布缆的实现和操作 第 2 部分：铜缆的设计和安装》以及《信息技术用户建筑群布缆的实现和操作 第 3 部分：布光缆的测试》ISO/IEC-TR 14763 3 个国家标准。

1.5.2 综合布线系统主要国际标准

最早的综合布线标准起源于美国，1991 年美国国家标准协会制定了 TIA/EIA568 民用建筑线缆标准，经改进后于 1995 年 10 月正式将 TIA/EIA568 修订为 TIA/EIA568A 标准。国际标准化组织/国际电工技术委员会（ISO/IEC）于 1988 年开始，在美国国家标准协会制定的有关综合布线标准基础上进行修改，1995 年 7 月正式公布 ISO/IEC 11801：1995（E）《信息技术——用户建筑物综合布线》作为国际标准，供各个国家使用。随后，英国、法国、德国等国联合于 1995 年 7 月制定了欧洲标准（EN 50173），供欧洲一些国家使用。目前常用的综合布线国际标准有：

1）ISO/IEC 11801：1995（E）。该标准是由联合技术委员会 ISO/IEC JTC1 的 SC 25/WG 3 工作组在 1995 年制定发布的，这个标准把有关元器件和测试方法归入国际标准。目前该标准有三个版本：

ISO/IEC 11801：1995

ISO/IEC 11801：2000

ISO/IEC 11801：2000 +

ISO/IEC 11801 的修订稿 ISO/IEC 11801：2000 修正了对链路的定义。此外，该标准还规定了永久链路和通道的等效远端串扰 ELFEXT、综合近端串扰、传输延迟。而且，修订稿也提高了近端串扰等传统参数的指标。

另外，ISO/IEC 即将推出第 2 版的 ISO/IEC 11801 规范 ISO/IEC 11801：2000 + 。这个新规范将定义 6 类、7 类布线的标准，将给布线技术带来革命性的影响。第 2 版的 ISO/IEC 11801 规范将把 5 类 D 级的系统按照超 5 类重新定义，以确保所有的 5 类系统均可运行千兆位以太网。更为重要的是，6 类和 7 类链路将在这一版的规范中被定义。布线系统的电磁兼容性（EMC）问题也将在新版的 ISO/IEC 11801 中被考虑。

2）ISO/IEC 11801：Draft Amendment 2 to ISO/IEC 11801 ClassD（1995 FDAM2）。该标准是国际标准化组织对应于 TIA/EIA-568-A-1 和 TIA/EIA-568-A-5 两增编内容的规范，这个标准将成为下一个新的 D 级链路布线的标准内容。

1.5.3 综合布线其他相关标准

在网络综合布线工程设计中，不但要遵守综合布线相关标准，同时还要结合电气防护及接地、防火等标准进行规划、设计。这里简单介绍一些接地和防火等标准。

1. 电气防护、机房及防雷接地标准

在综合布线时，需要考虑线缆的电气防护和接地，在《综合布线系统工程设计规范》GB 50311—2016 第 7 条中规定：

1）综合布线电缆与附近可能产生高电平电磁干扰的电动机、电力变压器、射频应用设备等电气设备之间应保持必要的间距。

2）综合布线系统缆线与配电箱的最小净距宜为 1m，与变电室、电梯机房、空调机房之间的最小净距宜为 2m。

3）墙上敷设的综合布线缆线及管线与其他管线的间距应符合表 1-2 的规定。当墙壁电缆敷设高度超过 6m 时，与避雷引下线的交叉间距应按下式计算：$S \geqslant 0.05L$。

表 1-2 综合布线缆线及管线与其他管线的间距

其他管线	平行净距 /mm	垂直交叉净距/mm	其他管线	平行净距 /mm	垂直交叉净距/mm
避雷引下线	1000	300	热力管（不包封）	500	500
保护地线	50	20	热力管（包封）	300	300
给水管	150	20	煤气管	300	20
压缩空气管	150	20			

4）综合布线系统应根据环境条件选用相应的缆线和配线设备，或采取防护措施。

5）在电信间、设备间及进线间应设置楼层或局部等电位接地端子板。

6）综合布线系统应采用共用接地的接地系统，如单独设置接地体时，接地电阻不应大于 4Ω。如布线系统的接地系统中存在两个不同的接地体时，其接地电位差不应大于 1V。

7）楼层安装的各个配线柜（架、箱）应采用适当截面的绝缘铜导线单独布线至就近的等电位接地装置，也可采用竖井内等电位接地铜排引到建筑物共用接地装置，铜导线的截面应符合设计要求。

8）缆线在雷电防护区交界处时，屏蔽电缆屏蔽层的两端应做等电位连接并接地。

9）综合布线的电缆采用金属线槽或钢管敷设时，线槽或钢管应保持连续的电气连接，并应有不少于两点的良好接地。

10）当缆线从建筑物外面进入建筑物时，电缆和光缆的金属护套或金属件应在入口处就近与等电位接地端子板连接。

2．防火标准

线缆是布线系统防火的重点部件，《综合布线系统工程设计规范》GB 50311—2016 中第 9 条规定：

1）根据建筑物的防火等级和对材料的耐火要求，综合布线系统的缆线选用和布放方式及安装的场地应采取相应的措施。

2）综合布线工程设计选用的电缆、光缆应从建筑物的高度、面积、功能、重要性等方面加以综合考虑，选用相应等级的防火缆线。

对于防火缆线的应用分级，北美、欧洲及国际的相应标准中主要以缆线受火的燃烧程度及着火以后，火焰在缆线上蔓延的距离、燃烧的时间、热量与烟雾的释放、释放气体的毒性等指标，并通过实验室模拟缆线燃烧的现场状况实测取得。

3．智能建筑与智能小区相关标准与规范

在国内，综合布线的应用可以分为建筑物、建筑群和智能小区。许多布线项目就与智能大厦集成项目、网络集成项目和智能小区集成项目密切相关，因此集成人员还需要了解智能建筑及智能小区方面的最新标准与规范。目前信息产业部、建设部都在加快这方面标准的起草和制定工作，已出台或正在制定中的标准与规范如下：

1）《智能建筑设计标准》GB/T 50314—2015，推荐性国家标准，2015 年 11 月 1 日起施行。

2）《智能建筑弱电工程设计施工图集》97X700，1998 年 4 月 16 日施行，统一编号为 GJBT—471。

3）《城市住宅建筑综合布线系统工程设计规范》CECS 119：2000。

4）《住宅设计规范》GB 50096—2011。

5）《电信网光纤数字传输系统工程施工及验收暂行技术规定》YDJ 44—1989。

6）《民用建筑电气设计规范》JGJ 16—2008。

7）《居住小区智能化系统建设要点与技术导则》CECS 119：2000。

8）《居住区智能化系统配置与技术要求》CECS 119：2000。

4．地方标准和规范

1）《北京市住宅区与住宅楼房电信设施设计技术规定》DBJ 01—601—1999。

2）上海市《智能建筑设计标准》DBJ 08—47—1995。

3）《江苏省建筑智能化系统工程设计标准》DB 32/181—1998。

4）《天津市住宅建设智能化技术规程》DB 29—23—2000。

5）四川省《建筑智能化系统工程设计标准》DB 51/T5019—2000。

6）福建省《建筑智能化系统工程设计标准》DBJ 13—32—2000。

1.5.4　我国综合布线系统国家标准简介

我国现在执行的综合布线系统工程设计国家标准为《综合布线系统工程设计规范》GB 50311—2007，该标准在 2007 年 4 月 6 日以原建设部第 619 号公告，由原建设部和国家质量监督检验检疫总局联合发布，2007 年 10 月 1 日开始实施。

这个标准的最早版本是中国工程建设标准化协会在 1995 年组织编写的行业标准《建筑与建筑群综合布线系统设计规范》CECS72：95，1997 年修订后又发布了《建筑与建筑群综合布线系统设计规范》CECS72：97，2000 年修订后颁布为国家推荐标准《综合布线系统工程设计规范》GB/T 50311—2000，2007 年 4 月 6 日发布为正式国家标准《综合布线系统工程设计规范》GB 50311—2007。

该标准共分为 8 章，第 1 章总则，第 2 章术语和符号，第 3 章系统设计，第 4 章系统配置设计，第 5 章系统指标，第 6 章安装工艺要求，第 7 章电气防护及接地，第 8 章防火。

1.　符号和缩略词

在综合布线系统工程的图样设计、施工、验收和维护等日常工作中，工程技术人员通常会大量应用许多符号和缩略词，因此掌握这些符号和缩略词对于识图和读懂技术文件非常重要。《综合布线系统工程设计规范》GB 50311—2016 对于符号和缩略词的规定见表 1-3。

表 1-3　《综合布线系统工程设计规范》GB 50311—2016 对于符号和缩略词的规定

英文缩写	英文名称	中文名称或解释
ACR	Attennuation to crosstalk ratio	衰减串音比
BD	Building distributor	建筑物配线设备
CD	Campus Distributor	建筑群配线设备
CP	Consolidation point	集合点
dB	dB	电信传输单元：分贝
d. c.	Direct current	直流
ELFEXT	Equal level far end crosstalk attenuation（loss）	等电平远端串音衰减
FD	Floor distributor	楼层配线设备
FEXT	Far end crosstalk attenuation（loss）	远端串音衰减（损耗）
IL	Insertion LOSS	插入损耗
ISDN	Integrated services digital network	综合业务数字网
LCL	Longitudinal to differential conversion LOSS	纵向对差分转换损耗
OF	Optical fibre	光纤
PSNEXT	Power sum NEXT attenuation（loss）	近端串音功率和
PSACR	Power sum ACR	ACR 功率和
PS ELFEXT	Power sum ELFEXT attenuation（loss）	ELFEXT 衰减功率和
RL	Return loss	回波损耗
SC	Subscriber connector（optical fibre connector）	用户连接器（光纤连接器）

（续）

英文缩写	英文名称	中文名称或解释
SFF	Small form factor connector	小型连接器
TCL	Transverse conversion loss	横向转换损耗
TE	Terminal equipment	终端设备
Vr. m. s	Vroot. mean. square	电压有效值

2. 系统设计

（1）综合布线系统配置设计

综合布线系统应为开放式网络拓扑结构，应能支持语音、数据、图像、多媒体业务等信息的传递。综合布线系统配置应按图1-13所示的7个部分进行设计。

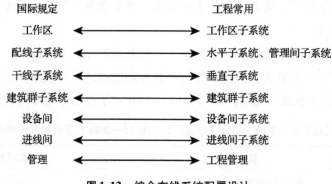

图1-13　综合布线系统配置设计

1）工作区。一个独立的需要设置终端设备（TE）的区域宜划分为一个工作区。工作区应由配线子系统的信息插座模块（TO）延伸到终端设备处的连接缆线及适配器组成。

工作区适配器的选用宜符合下列规定：

① 对于网络规程的兼容，采用协议转换适配器。

② 每个工作区的服务面积，应按不同的应用功能确定。

③ 连接信号的数-模转换，光、电转换，数据传输速率转换等装置时，采用适配器。

④ 设备的连接插座应与连接电缆的插头匹配，不同的插座与插头之间应加装适配器。

⑤ 各种不同的终端或适配器安装在工作区的适当位置，并应考虑现场的电源与接地。

2）配线子系统。配线子系统应由工作区的信息插座模块、信息插座模块至电信间配线设备（FD）的配线电缆和光缆、电信间的配线设备及设备缆线和跳线等组成。采用非屏蔽或屏蔽4对对绞电缆，在需要时也可采用室内多模或单模光缆。每一个工作区的信息插座模块（电、光）数量不宜少于2个，底盒数量应以插座盒面板设置的开口数确定，每一个底盒支持安装的信息点数量不宜大于2个。光纤信息插座模块安装的底盒大小应充分考虑水平光缆（2芯或4芯）终接处的光缆盘留空间和满足光缆对弯曲半径的要求。

3）干线子系统。干线子系统应由设备间至电信间的干线电缆和光缆，安装在设备间的建筑物配线设备（BD）及设备缆线和跳线组成。主干缆线宜设置电缆与光缆，并互相作为备份路由。干线子系统主干缆线应选择较短的、安全的路由。主干电缆宜采用点对点终接，也可采用分支递减终接。

4）建筑群子系统。建筑群子系统应由连接多个建筑物之间的主干电缆和光缆、建筑群配线设备（CD）及设备缆线和跳线组成。CD 宜安装在进线间或设备间，并可与入口设施或 BD 合用场地。CD 配线设备内、外侧的容量应与建筑物内连接 BD 配线设备的建筑群主干缆线容量及建筑物外部引入的建筑群主干缆线容量相一致。

5）设备间。设备间是在每幢建筑物的适当地点进行网络管理和信息交换的场地。对于综合布线系统工程设计，设备间主要安装建筑物配线设备。电话交换机、计算机主机设备及入口设施也可与配线设备安装在一起。

6）进线间。进线间是建筑物外部通信和信息管线的入口部位，并可作为入口设施和建筑群配线设备的安装场地。建筑群主干电缆和光缆、公用网和专用网电缆、光缆及天线馈线等室外缆线进入建筑物时，应在进线间成端转换成室内电缆、光缆，并在缆线的终端处可由多家电信业务经营者设置入口设施，入口设施中的配线设备应按引入的电缆、光缆容量配置。

7）管理。管理应对工作区、电信间、设备间、进线间的配线设备、缆线、信息插座模块等设施按一定的模式进行标识和记录。

（2）基本构成

综合布线系统的基本构成如图 1-14 所示。

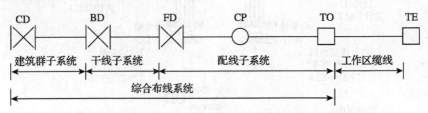

图 1-14　综合布线系统的基本构成

注意：配线子系统中可以设置集合点（CP 点），也可不设置集合点。

（3）子系统构成

综合布线系统子系统的构成如图 1-15 所示。

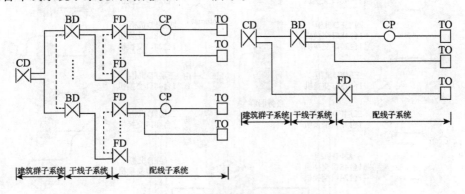

图 1-15　综合布线系统子系统的构成

注意：

1）图中的虚线表示 BD 与 BD 之间、FD 与 FD 之间可以设置主干缆线。

2）建筑物 FD 可以经过主干缆线直接连至 CD，TO 也可以经过水平缆线直接连至 BD。

（4）两个楼层管理间 FD 配线架

两个楼层管理间 FD 配线架可以连线，如图 1-16、图 1-17 所示。

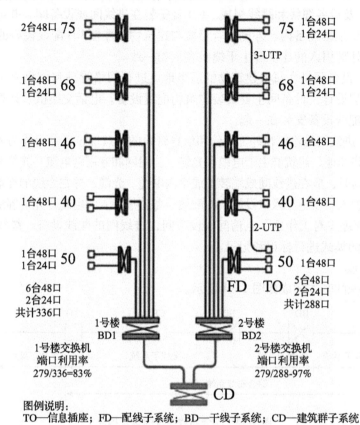

图例说明：
TO—信息插座；FD—配线子系统；BD—干线子系统；CD—建筑群子系统

图 1-16　FD 实例系统图

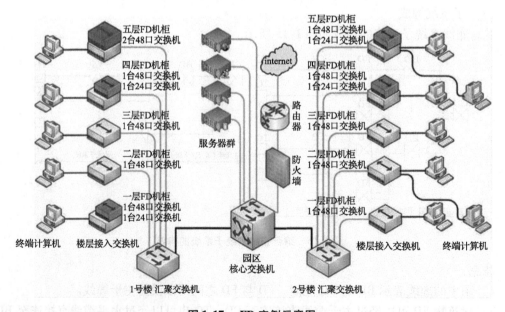

图 1-17　FD 实例示意图

（5）BD 配线架到 TO 信息点的连接

BD 配线架可以直接连接到 TO 信息点，如图 1-18、图 1-19 所示。

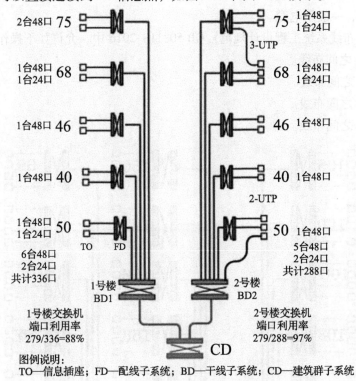

图例说明：
TO—信息插座；FD—配线子系统；BD—干线子系统；CD—建筑群子系统

图 1-18　BD 到 TO 连接系统图

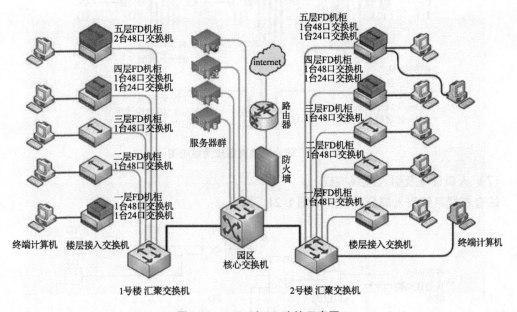

图 1-19　BD 到 TO 连接示意图

（6）典型应用

一个典型的综合布线应用系统如图 1-20 所示。一般常规设计布线路由要求如下：

1）CD—BD，一般用光缆。

2）BD—FD，一般用光缆。

3）FD—TO，一般用电缆。

而在《综合布线系统工程设计规范》GB 50311—2016 中，允许如下操作：

1）BD—BD 之间布线。

2）FD—FD 之间布线。

3）CD—FD 之间布线。

4）BD—TO 之间布线。

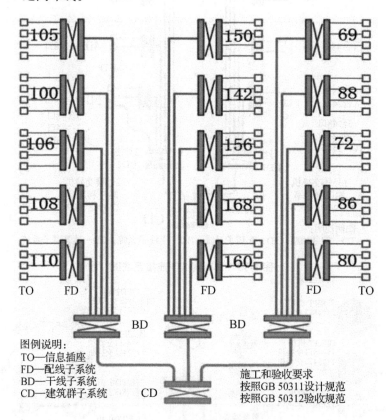

图1-20　综合布线典型应用系统图

（7）入口设施及引入缆线构成

综合布线系统引入部分的构成如图 1-21 所示。

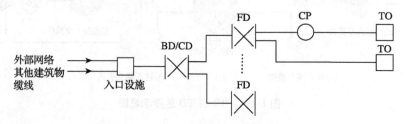

图1-21　综合布线系统引入部分的构成

注意：对设置了设备间的建筑物，设备间所在楼层的 FD 可以和设备中的 BD/CD 及入口设施安装在同一场地。

3. 系统应用

（1）系统构成

1）综合布线系统（GCS）应是开放式结构，应能支持语音、数据、图像、多媒体业务等信息的传递。

2）本规范参考《综合布线系统工程设计规范》GB 50311—2016 的规定，将建筑物综合布线系统分为 7 个子系统：工作区子系统、配线子系统、干线子系统、设备间子系统、管理子系统、建筑群子系统和进线间子系统。

（2）系统分级与组成

铜缆布线系统的分级与类别见表 1-4。

表 1-4 铜缆布线系统的分级与类别

系统分级	支持带宽/Hz	支持应用器件	
		电缆	连接硬件
A	100k		
B			
C		3 类	3 类
D		5/5e 类	5/5e 类
E		6 类	6 类
F		7 类	7 类

注：3 类、5/5e 类（超 5 类）、6 类、7 类布线系统应能支持向下兼容的应用。

2010 年中国综合布线工作组（CTEAM）发布的《中国综合布线市场发展报告》中显示，在数据中心市场调查的用户中有 26.5% 的用户使用超 5 类双绞线电缆，70.2% 的用户使用 6 类和 6A 类双绞线电缆，还有 3.3% 的用户使用 7 类双绞线电缆。可见，6 类线的使用已经普及，7 类线也正为用户所接受。

综合布线系统信道应由最长 90m 水平缆线、最长 10m 的跳线和设备缆线及最多 4 个连接器件组成，永久链路则由 90m 水平缆线及 3 个连接器件组成，连接方式如图 1-22 所示。

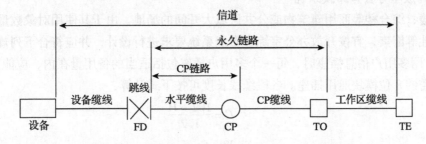

图 1-22 布线系统信道、永久链路、CP 链路构成

（3）线缆长度划分

综合布线系统水平缆线与建筑物主干缆线及建筑群主干缆线所构成信道的总长度之和不

应大于 2000m。

建筑物或建筑群配线设备（FD 与 BD、FD 与 CD、BD 与 BD、BD 与 CD）之间组成的信道出现 4 个连接器件时，主干缆线的长度不应小于 15m。

配线子系统各缆线长度应符合图 1-23 的划分并应满足下列要求。

1）配线子系统信道的最大长度不应大于 100m。

2）工作区设备缆线、电信间配线设备的跳线和设备缆线之和不应大于 10m，当大于 10m 时，水平缆线长度（90m）应适当减少。

3）楼层配线设备（FD）跳线、设备缆线及工作区设备缆线各自的长度不应大于 5m。

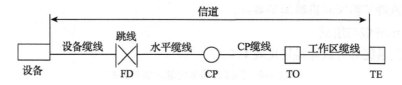

图 1-23　配线子系统缆线划分

（4）系统应用

同一布线信道及链路的缆线和连接器件应保持系统等级与阻抗的一致性。

综合布线系统工程的产品类别及链路、信道等级确定应综合考虑建筑物的功能、应用网络、业务终端类型、业务的需求及发展、性能价格、现场安装条件等因素，应符合表 1-5 的要求。

表 1-5　布线系统等级与类别的选用表

业务种类	配线子系统		干线子系统		建筑群子系统	
	等级	类别	等级	类别	等级	类别
语音	D/E	5e/6	C	3（大对数）	C	3（室外大对数）
数据	D/E/F	5e/6/7	D/E/F	5e/6/7（4 对）		
	光纤（多模或单模）	62.5μm 多模/50μm 多模/<10μm 单模	光纤	62.5μm 多模/50μm 多模/<10μm 单模	光纤	62.5μm 多模/50μm 多模/<1μm 单模

（5）开放型办公室布线系统

办公楼、综合楼等商用建筑物或公共区域大开间的场地，由于其使用对象数量的不确定性和流动性等因素，宜按开放办公室综合布线系统要求进行设计，并应符合下列规定：

1）采用多用户信息插座时，每一个多用户插座包括适当的备用量在内，应能支持 12 个工作区所需的 8 位模块通用插座。各段缆线长度可按下式计算：

$$C = \frac{102 - H}{1.2}$$

$$W = C - 5$$

式中　C——工作区电缆、电信间跳线和设备电缆的长度之和，$C = W + D$；

　　　　D——电信间跳线和设备电缆的总长度；

　　　　W——工作区电缆的最大长度，且 $W \leqslant 22m$；

H——水平电缆的长度。

各段缆线长度也可按表 1-6 选用。

表 1-6 铜缆布线系统的分级与类别

电缆总长度/m	水平布线电缆 *H*/m	工作区电缆 *W*/m	电信间跳线和设备电缆 *D*/m
100	90	5	5
99	85	9	5
98	80	13	5
97	25	17	5
97	70	22	5

2）采用集合点时，集合点配线设备与 FD 之间水平线缆的长度应大于 15m。集合点配线设备容量宜以满足 12 个工作区信息点需求设置。

（6）屏蔽布线系统

综合布线区域内存在的电磁干扰场强高于 3V/m 时，宜采用屏蔽布线系统进行防护。

用户对电磁兼容性有较高的要求（电磁干扰和防信息泄漏）时，或有网络安全保密的需要时，宜采用屏蔽布线系统。

采用非屏蔽布线系统无法满足现场条件对缆线的间距要求时，宜采用屏蔽布线系统。

屏蔽布线系统采用的电缆、连接器件、跳线、设备电缆都应是屏蔽的，并应保持屏蔽层的连续性。

（7）工业级布线系统

工业级布线系统应能支持语音、数据、图像、视频、控制等信息的传递，并能应用于高温、潮湿、电磁干扰、撞击、振动、腐蚀气体、灰尘等恶劣环境中。

工业布线应用于工业环境中具有良好环境条件的办公区、控制室和生产区之间的交界场所、生产区的信息点，工业级连接器件也可应用于室外环境中。

在工业设备较为集中的区域应设置现场配线设备。

工业级布线系统宜采用星形网络拓扑结构。

工业级配线设备应根据环境条件确定 IP 的防护等级。

1.6 综合布线系统工程各个子系统的实际应用

在实际综合布线系统工程应用中，各个子系统有时叠加在一起。水平子系统不一定全部水平布线，实际上水平子系统指从信息点到楼层管理间机柜之间的路由和布线系统，如图 1-24 所示。按照《综合布线系统工程设计规范》GB 50311—2016 系统设计规定，也允许个别管理间 FD 配线架直接到 CD 配线架，而不经过 BD 配线架，如图 1-25 所示，这样能够降低工程造价。这就要求设计人员必须熟悉综合

图 1-24 水平子系统

布线各个子系统，灵活应用，在设计中降低工程造价。

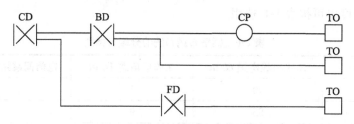

图 1-25　FD 配线架直接到 CD 配线架

习题 1

一、填空题

1. 综合布线系统就是用数据和通信电缆、光缆、各种软电缆及有关连接硬件构成的通用布线系统，它能支持_____、_____、_____和其他控制信息技术的标准应用系统。

2. 综合布线系统是集成网络系统的基础，它能满足_____、_____及_____等的传输要求，是智能大厦的实现基础。

3. 《综合布线系统工程设计规范》GB 50311—2016 规定，在智能建筑工程设计中宜将综合布线系统分为_____、_____、_____三种常用形式。

4. 综合布线系统包括 7 个个子系统，分别是_____、_____、_____、_____、_____、建筑群子系统和进线间子系统。

5. 在工作区子系统中，从 RJ-45 插座到计算机等终端设备间的跳线一般采用双绞线电缆，长度不宜超过_____ m。

6. 安装在墙上或柱上的信息插座应距离地面_____ cm 以上。

7. 水平子系统主要由信息插座、_____、_____等组成。

8. 水平子系统通常由_____对非屏蔽双绞线组成，如果有磁场干扰时可用_____。

9. 垂直子系统负责连接到_____和_____，实现主配线架与中间配线架的连接。

10. 管理间子系统是连接_____和_____的设备，其配线对数由管理的信息点数确定。

二、选择题

1. 《综合布线系统工程设计规范》GB 50311—2016 中，将综合布线系统分为（　　）个子系统。

　　A. 5　　　　　　　　　B. 6　　　　　　　　　C. 7　　　　　　　　　D. 8

2. 工作区子系统又称为服务区子系统，它由跳线与信息插座所连接的设备组成，其中信息插座包括（　　）。

　　A. 墙面型　　　　　　B. 地面型　　　　　　C. 桌面型　　　　　　D. 吸顶型

3. 常用的网络终端设备包括（　　）。

　　A. 计算机　　　　　　　　　　　　　　B. 电话机和传真机

　　C. 汽车　　　　　　　　　　　　　　　D. 报警探头和摄像机

4. 设备间入口门采用外开双扇门，门宽一般不应小于（　　）。

A. 2m B. 1.5m C. 1m D. 0.9m

5. 在网络综合布线工程中，大量使用网络配线架，常用标准配线架有（　　）。

A. 18 口配线架 B. 24 口配线架 C. 40 口配线架 D. 48 口配线架

6. 为了减少电磁干扰，信息插座与电源插座的距离应大于（　　）。

A. 100mm B. 150mm C. 200mm D. 500mm

7. 按照《综合布线系统工程设计规范》GB 50311—2016 规定，铜缆双绞线电缆的信道长度不超过（　　）。

A. 50m B. 90m C. 100m D. 150m

8. 按照《综合布线系统工程设计规范》GB 50311—2016 规定，水平子系统的双绞线电缆最长不宜超过（　　）。

A. 50m B. 90m C. 100m D. 150m

9. 总工程师办公室的信息化需求包括（　　）。

A. 语音 B. 数据 C. 视频 D. 用餐

10. 在水平子系统的设计中，一般要遵循（　　）。

A. 性价比最高原则 B. 预埋管原则

C. 水平缆线最短原则 D. 使用光缆原则

三、思考题

1. 在工作区子系统的设计中，一般要遵循哪些原则？

2. 水平子系统中双绞线电缆的长度为什么要限制在 90m 以内？

3. 管理间子系统的布线设计原则有哪些？

4. 《综合布线系统工程设计规范》GB 50311—2016 第 8.0.10 条为强制性条文，必须严格执行。请问该条是如何规定的？为什么这样规定？

5. 请绘制出设备间子系统的原理图。

项目 2 综合布线产品选型

学习概要

1. 了解网络传输介质。
2. 掌握常用器材的用途。
3. 掌握常用工具的使用方法。

内容概要

1. 网络传输介质。
2. 线槽规格、品种和器材。
3. 布线工具。
4. 网络综合布线器材展示柜。

2.1 网络传输介质

在网络传输时，首先遇到的是通信线路和通道传输问题。目前，在通信线路上使用的传输介质有双绞线、大对数双绞线、光缆。

2.1.1 双绞线线缆

双绞线（Twisted Pair，TP）是一种综合布线工程中最常用的传输介质。双绞线由两根具有绝缘保护层的铜导线组成，把两根具有绝缘保护层的铜导线按一定节距互相绞在一起，可降低信号干扰的程度，每一根导线在传输中辐射出来的电波会被另一根线上发出的电波抵消。双绞线的分类如图 2-1 所示。

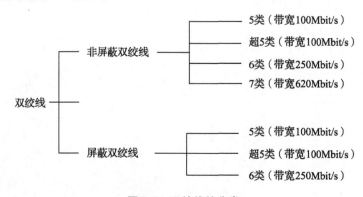

图 2-1 双绞线的分类

目前，非屏蔽双绞线电缆的市场占有率高达 90% 以上，主要用于建筑物楼层管理间到工作区信息插座等配线子系统部分的布线，也是综合布线工程中施工最复杂、材料用量最大、质量最主要的部分。

2010 年中国综合布线工作组（CTEAM）发布的《中国综合布线市场发展报告》显示，2009 年中国综合布线材料市场的电缆和光缆等材料达到了约 34 亿元人民币的市场规模，预计 2009 ~ 2013 年的复合增长率将会达到 24.5%，2009 年中国屏蔽系统大致占整个市场的 10%。

在数据中心市场调查的用户中，有 26.5% 的用户使用超 5 类双绞线电缆，70.2% 的用户使用 6 类和 6A 类双绞线电缆，还有 3.3% 的用户使用 7 类双绞线电缆。

1. 双绞线的参数

对于双绞线，用户所关心的是：衰减、近端串扰、特性阻抗、分布电容、直流电阻等。为了便于理解，首先解释几个名词。

1）衰减（Attenuation）：沿链路的信号损失度量。衰减随频率而变化，所以应测量在应用范围内的全部频率上的衰减。

2）近端串扰损耗（Near-End Crosstalk Loss）：测量一条 UTP 链路中从一对线到另一对线的信号耦合。

3）环路直流电阻：一对导线电阻的和，会消耗一部分信号并转变成热量。11801 的规格不得大于 19.2Ω，每对导线电阻间的差异不能太大（小于 0.1Ω），否则表示接触不良，必须检查连接点。

4）特性阻抗：与环路直接电阻不同，特性阻抗包括电阻及频率自 1 ~ 100MHz 的电感抗及电容抗，它与一对导线之间的距离及绝缘的电气性能有关。

5）衰减串扰比（ACR）：在某些频率范围内，串扰与衰减量的比例关系是反映电缆性能的另一个重要参数。

6）电缆特性：通信信道的品质是由它的电缆特性——信噪比 SNR 来描述的。

2. 双绞线的绞距

在双绞线电缆内，不同线对具有不同的绞距长度。一般来说，4 对双绞线绞距周期在 38.1mm 长度内，按逆时针方向扭绞，一对线对的扭绞长度在 12.7mm 以内。

3. 网络双绞线的生产制造过程

目前，网络综合布线系统工程大量使用超 5 类和 6 类非屏蔽双绞线。下面以超 5 类非屏蔽双绞线为例，介绍双绞线的制造过程。其一般制造流程为：铜棒拉丝→单芯覆盖绝缘层→两芯绞绕→4 对绞绕→覆盖外绝缘层→印制标记→成卷。

在工厂专业化大规模生产非屏蔽超 5 类电缆的工艺流程分为拉丝、绝缘、绞对、成缆、护套五项。

1）铜棒拉丝。拉丝工艺是一种金属拉丝工艺，对金属进行压力加工，使金属强行通过模具，金属横截面被压缩，并获得所要求的横截面形状和尺寸的金属丝。现代化生产中使用专业拉丝机进行拉丝。

2）为导线覆盖绝缘层。在该阶段需要注意导体直径、绝缘外径的测定、绝缘的偏心、导体及绝缘的伸长率、绝缘单线的同轴电容、火花击穿数、绝缘单线的颜色、单线装盘时的排线等指标,检验后符合要求才能进入下个工序,确保下一个工序能正常生产。绝缘线检测项目、指标和检测方法见表2-1。

表2-1　绝缘线检测

序号	检测项目	指标	检测方法
1	导体直径/mm	0.511	激光测径仪
2	绝缘外径/mm	0.92	激光测径仪
3	绝缘最大偏心/mm	≤0.020	激光测径仪
4	导体伸长率（%）	20～25	伸长试验仪
5	同轴电容/(pF/m)	228	电容测试仪
6	火花击穿数/个	≤2（DC 3500V）	火花记录器
7	颜色	孟塞尔色标	比色

3）电缆绞对。在制造电缆的过程中,将绝缘线芯绞合成线组,除了保持回路传输参数稳定、增加电缆弯曲性能便于使用外,还可以减少电缆组间的电磁耦合,利用其交叉效应来减小线对/组间的串音。绞对时应注意收、放线张力的控制,避免张力过大放线不均匀,拉伤线对,对线对的电气性能产生影响,同时也应避免张力过小导致放线线盘过于松动产生缠绕、打结现象。绞对检测项目、指标和检测方法见表2-2。

表2-2　绞对检测

序号	检测项目	指标	检测方法
1	节距	白蓝 白橘 白绿 白棕	直尺测量
2	绞向	Z 向（右向）	目测
3	绞对线单根导线直流电阻	≤93Ω	电阻表
4	绞对前后电阻不平衡	≤2%	（大电阻值－小电阻值）/（大电阻值＋小电阻值）×100%
5	耐高压	DC 3s, 2000V	

4）成缆。为提高生产效率和产量,多数厂家常用群绞设备,由于群绞机在成缆时联动了绞对和成缆,提高了生产效率。4对数据缆的成缆很简单,束绞或S-Z绞都是可以采用的工艺方式,以一定的成缆节距减小线对间的串音等。

5）护套。护套工序在生产中类似于电力电缆的绝缘工序,该工序为已经绞绕好的8芯电缆覆盖一层保护外套。护套类型可分为阻燃、非阻燃,室内、室外等。护套检测项目、指标和检测方法见表2-3。

表 2-3 护套检测

序号	检测项目	指标	检测方法
1	外观检测	光滑、圆整、无孔洞、无杂质	目测
2	最小护套厚度/mm	标称	游标卡尺
3	偏心/mm	≤0.20（在电缆同一截面上测量）	游标卡尺
4	电缆外径/mm	标称	纸带法
5	记米长度误差	≤0.5%	卷尺

4. 非屏蔽双绞线电缆

目前，非屏蔽双绞线电缆的市场占有率高达 90% 以上，是综合布线工程中施工最复杂、材料用量最大、质量最主要的部分。非屏蔽双绞线电缆又分为超 5 类、6 类、7 类等。常用的超 5 类和 6 类非屏蔽双绞线电缆如图 2-2 所示。

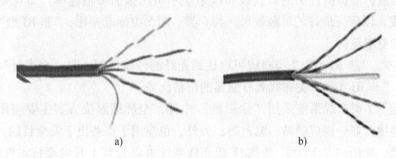

a)   b)

图 2-2 非屏蔽双绞线电缆

a）超 5 类   b）6 类

非屏蔽双绞线电缆具有以下一些优点。

1）具有阻燃性。

2）质量小、易弯曲、易安装。

3）将串扰减至最小或加以消除。

4）无屏蔽外套，直径小，节省所占用的空间。

5）具有独立性和灵活性，适用于结构化综合布线。

5. 屏蔽双绞线电缆

普遍使用的屏蔽双绞线电缆屏蔽层结构分为两大类：第一大类为总屏蔽技术，就是在 4 对芯线外添加屏蔽层；第二大类为线对屏蔽技术，就是在每组线对外添加屏蔽层。

6. 超 5 类双绞线电缆

超五类双绞线电缆具有衰减小、串扰少的特点，并且具有更高的衰减与串扰的比值和信噪比、更小的时延误差，性能得到很大提高。

7. 6 类双绞线电缆

6 类标准对平衡双绞线电缆、连接硬件、跳线、通道和永久链路做了详细的要求，提供了 1~250MHz 频率范围内实验室和现场测试程序的实际性能检验。6 类标准还包括提高电磁兼容性时对线缆和连接硬件平衡的要求，为用户选择更高性能的产品提供了依据。同时，它也应当满足网络应用标准组织的要求。

8. 7 类双绞线电缆

7 类标准是在 100Ω 双绞线上支持最高 600MHz 带宽传输的布线标准。从 7 类标准开始，历史上出现了"RJ"型和"非 RJ"型接口的划分。由于"RJ 型"接口目前达不到 600MHz 的传输带宽，7 类标准还没有最终论断，目前国际上正在积极研讨 7 类标准草案。

"非 RJ 型" 7 类布线技术完全打破了传统的 8 芯模块化 RJ 型接口设计，不仅使 7 类线的传输带宽达到 1.2GHz，还开创了全新的 1 对、2 对、4 对的模块化形式，这是一种新型的满足线对和线对隔离、紧凑、高可靠性、安装便捷的接口形式。7 类布线有较大的竞争优势，具体如下：

1）至少 600Mbit/s 的传输速率。正在制定中的"非 RJ 型" 7 类标准，不仅要求 7 类部件的链路和信道标准提供过去的双绞线布线系统不可比拟的传输速率，而且要求使用"全屏蔽"的电缆，以保证最好的屏蔽效果。与 6 类、超 5 类标准相比，"非 RJ 型" 7 类标准在传输性能上的要求更高。

2）低成本。"非 RJ 型" 7 类布线可以达到光纤的传输性能，与一个光纤局域网的全部造价相比较，"非 RJ 型" 7 类布线具有明显的价格优势。

"非 RJ 型" 7 类布线系统采用"全屏蔽"电缆，全屏蔽解决方案主要应用于存在严重电磁干扰的环境，如一些广播站、电台等；另外，也应用于那些出于安全目的，要求电磁辐射极低的环境。采用"非 RJ 型" 7 类/F 级布线系统可以受益于其尖端技术性能，在财政、保险和信息传输量需求很大的企业很适用。

2. 1. 2　大对数双绞线

大对数电缆的色谱必须符合相关国际标准和我国标准，共由 10 种颜色组成，主色为白、红、黑、黄、紫 5 种，副色为蓝、橙、绿、棕、灰 5 种，见表 2-4。大对数双绞线是由 25 对具有绝缘保护层的铜导线组成的，它有 3 类 25 对大对数双绞线和 5 类 25 对大对数双绞线，可为用户提供更多的可用线对，并被设计为在扩展的传输距离上实现高速数据通信应用，传输速率为 100Mbit/s。

表 2-4　10 种颜色排列表

主色	白	红	黑	黄	紫
副色	蓝	橙	绿	棕	灰

5 种主色和 5 种副色组成 25 种色谱，具体如下：

白蓝，白橙，白绿，白棕，白灰；
红蓝，红橙，红绿，红棕，红灰；
黑蓝，黑橙，黑绿，黑棕，黑灰；
黄蓝，黄橙，黄绿，黄棕，黄灰；
紫蓝，紫橙，紫绿，紫棕，紫灰；

50 对电缆由两个 25 对组成，100 对电缆由 4 个 25 对组成，依次类推。每组 25 对再用副色标识，如蓝、橙、绿、棕、灰。

大对数双绞线分为非屏蔽大对数线和屏蔽大对数线，如图 2-3 所示。

　　　　　a)　　　　　　　　　　　　　　　　　　　b)

图 2-3　大对数双绞线

a) 非屏蔽大对数线　　　　b) 屏蔽大对数线

2.1.3　同轴电缆

同轴电缆是由一根空心的外圆柱导体及其所包围的单根内导线所组成的，如图 2-4 所示。它用来传递信息的一对导体是按照一层圆筒式的外导体套在内导体（一根细芯）外面，两个导体间用绝缘材料互相隔离的结构制造的，外层导体和中心轴芯线的圆心在同一个轴心上，所以叫作同轴电缆。同轴电缆之所以设计成这样，也是为了防止外部电磁波干扰产生异常信号的传递。

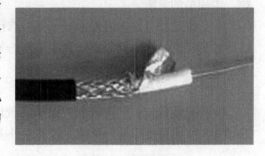

图 2-4　同轴电缆

同轴电缆可分为两种基本类型：基带同轴电缆和宽带同轴电缆。目前基带常用的电缆，其屏蔽线是用铜做成网状的，特征阻抗为 50Ω，如 RG-8、RG-58 等；宽带常用的电缆，其屏蔽层通常是用铝冲压成的，特征阻抗为 75Ω，如 RG-59 等。

同轴电缆根据其直径大小又可以分为粗同轴电缆和细同轴电缆。

2.1.4　光缆的品种与性能

1. 光缆

光导纤维是一种传输光束的细而柔韧的媒质。光导纤维电缆由一捆纤维组成，简称光缆，如图 2-5 所示。光缆结构的主旨在于保护内部光纤，不受外界机械应力和水、潮湿的影响。不同材料构成了光缆不同的机械、环境特性，有些光缆需要使用特殊材料，从而达到阻燃、阻水等特殊性能。光纤通常是由石英玻璃制成的，其中横截面积很小的双层同心圆柱体，也称为纤芯。它质地脆，易断裂，由于这一缺点，需要外加一保护层，如图 2-6 所示。

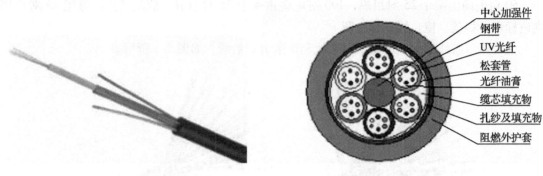

图 2-5　光缆　　　　　　　　　　　　　　　　图 2-6　光缆结构

中心加强件
钢带
UV光纤
松套管
光纤油膏
缆芯填充物
扎纱及填充物
阻燃外护套

光缆按适用场合可以分为室内光缆、室外光缆和室内外通用光缆；按敷设方式可分为架空光缆、直埋光缆、管道光缆和水底光缆；按结构又可以分为紧套型光缆、松套型光缆和单一套管光缆。下面对最常见的室内光缆和室外光缆进行简单介绍。

（1）室内光缆

室内光缆可能会同时用于话音、数据、视频、遥测和传感等。由于室内环境比室外要好得多，一般不需要考虑自然的机械应力和雨水等因素，所以多数室内光缆是紧套、干式、阻燃、柔韧型的光缆。

对于特定场所使用的光缆，也可以选择金属铠装、非金属铠装的室内光缆。这种光缆有松套和紧套的结构，类似室外光缆结构，其力学性能要优于无铠装结构的室内光缆，主要用于环境、安全性要求较高的场所。

（2）室外光缆

室外光缆的抗拉强度较大，保护层较厚重，并且通常为铠装（即金属皮包裹）。图 2-7和图 2-8 所示分别为室外单模光缆和室外多模光缆。

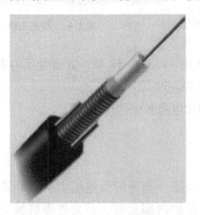

图 2-7　室外单模光缆　　　　　　　图 2-8　室外多模光缆

2. 光纤

（1）光纤的分类

光纤主要可以分为以下两大类。

1）单模光纤：纤芯直径很小，在给定的工作波长上只能以单一模式传输，传输频带宽，传输容量大。

2）多模光纤：在给定的工作波长上，能以多个模式同时传输的光纤。

（2）纤芯的分类

按照纤芯直径不同，可划分为以下几种。

1）50/125 μm 缓变形多模光纤。

2）62.5/125 μm 缓变增强型多模光纤。

3）10/125 μm 缓变形单模光纤。

按照纤芯的折射率分布，可分为以下几种。

1）阶跃型光纤（Step Index Fiber，SIF）。

2）梯度型光纤（Griended Index Fiber，GIF）。

3）环形光纤（Ring Fiber）。

4）W 型光纤。

（3）光纤快速端接技术

热熔接方式相对其他接续方式速度较快，每芯接续在 1min 内完成，接续成功率较高，传输性能、稳定性及耐久性均有所保障。

机械接续是将光纤进行切割清洁后，插入接续匹配盘（有的产品称作 V 形槽）中对准、相切并锁定。机械接续可多次操作，速度也较快。

（4）光纤通信系统简述

光纤通信系统是以光波为载体、光导纤维为传输介质的通信方式，起主导作用的是光源、光纤、光发送机和光接收机。

光纤通信系统的主要优点如下：

1）传输频带宽、通信容量大，短距离传输时传输速率可达几千兆每秒。

2）线路损耗低、传输距离远。

3）抗干扰能力强，应用范围广。

4）线径细、质量轻。

5）耐化学腐蚀能力强。

6）光纤制造资源丰富。

光端机是光通信的主要设备，其外观如图 2-9 所示。它主要分为两大类：模拟信号光端机和数字信号光端机。

图 2-9　光端机

2.2　线槽和线管

2.2.1　线槽规格、品种和器材

线槽又名走线槽、配线槽、行线槽，是用来将电源线、数据线等线材规范整理，固定在墙上或者顶棚上的布线工具。线槽外形如图 2-10 所示。金属线槽、PVC 线槽、金属管、PVC 管是综合布线系统的基础性材料。线槽一般有塑料和金属两种材质，可以起到不同的作用。其配套材料有阴角、阳角、三通等。

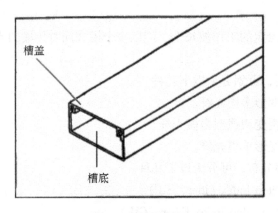

图 2-10　线槽外形

综合布线工程中常用的线槽和配套材料主要有以下几种。

1）PVC 线槽（宽 40mm/宽 20mm）：水平布线使用。

2）PVC 线槽阴角（宽 40mm/宽 20mm）：与同规格线槽在拐弯处配套使用。

3）PVC 线槽阳角（宽 40mm/宽 20mm）：与同规格线槽在拐弯处配套使用。

4）PVC 线槽直角（宽 40mm/宽 20mm）：与同规格线槽在拐弯处配套使用。

5）PVC 线槽堵头（宽 40mm/宽 20mm）：与同规格线槽在拐弯处配套使用。

6）PVC 线槽三通（宽 40mm/宽 20mm）：与同规格线槽在拐弯处配套使用。

与 PVC 线槽配套的附件有：阳角、阴角、直转角、平三通、左三通、右三通、连接头、终端头、接线盒（暗盒、明盒）等。

2.2.2　金属管和塑料管

1. 金属管

金属管用于分支结构或暗埋的线路，其规格也有多种，以外径（mm）表示。金属管的外形如图 2-11 所示。

工程施工中常用的金属管有 $D16$、$D20$、$D25$、$D32$、$D40$、$D50$、$D63$、$D110$ 等规格。

2. 塑料管

图 2-11　金属管外形

塑料管产品分为两大类：PE 阻燃导管和 PVC 阻燃导管。PE 阻燃导管是一种塑制半硬导管，按外径（mm）有 $D16$、$D20$、$D25$、$D32$ 4 种规格。PVC 阻燃导管以聚氯乙烯树脂为主要原料，按外径（mm）有 $D16$、$D20$、$D25$、$D32$、$D40$、$D45$、$D63$、$D110$ 等规格。

与 PVC 管安装配套的附件有：接头、螺圈、弯头、弯管弹簧；一通接线盒、二通接线盒、三通接线盒、四通接线盒、开口管卡、专用截管器、PVC 黏合剂等。

2.2.3　桥架

桥架是布线行业的一个术语，是建筑物内布线不可缺少的一个部分。桥架按照形式可以分为托盘式桥架、槽式桥架、梯级桥架，如图 2-12 所示。

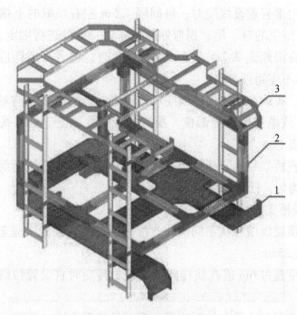

图 2-12　桥架展示系统

1—托盘式桥架　2—槽式桥架　3—梯级桥架

托盘式桥架系统：托盘式电缆桥架是应用最为广泛的一种桥架设备。它有很多特点，例如具有重量轻、承受载荷大、造型美观、结构简单且安装方便等优点，不但适用于动力电缆的安装，而且适用于控制电缆的敷设等。在托盘式桥架中，主要有以下配件供组合：直通托盘式桥架、水平弯通、水平三通、水平四通、垂直凹弯通、垂直凸弯通和配套连接片。

槽式桥架系统：槽式电缆桥架是一种全封闭型电缆桥架，适用于敷设计算机电缆、通信电缆、热电偶电缆及其他高灵敏系统的控制电缆等，它对控制电缆的屏蔽干扰和重腐蚀环境中电缆的防护都有较好的效果。在槽式桥架中，主要有以下配件供组合：直通槽式桥架、水平等径弯通、水平等径三通、水平等径四通、垂直等径上弯通、垂直等径下弯通、垂直等径右下弯通、垂直等径左上弯通、垂直等径右上弯通、上角垂直等径三通、下角垂直等径三通、下角垂直等径五通、水平变径三通和垂直变径上弯通及配套连接片。

梯级桥架系统：梯级电缆桥架具有重量轻、成本低、造型别致、安装方便、散热、透气性好等特点，一般适用于直径较大电缆的敷设，特别适用于高、低压动力电缆的敷设。在梯级桥架中，主要有以下配件供组合：直通梯级桥架、水平弯通、水平三通、水平四通、垂直凹弯通、垂直凸弯通和配套连接片。

2.2.4　线缆的槽、管敷设方法

1. 槽的线缆敷设

槽的线缆敷设一般有 3 种方法。

（1）采用电缆桥架或线槽和预埋钢管结合的方式

1）电缆桥架宜高出地面 2.2m 以上，桥架顶部距顶棚或其他障碍物不应小于 0.3m，桥架宽度不宜小于 0.1m，桥架内横断面的填充率不应超过 50%。

2）在电缆桥架内垂直敷设线缆时，每间隔 1.5m 左右线缆的上端应固定在桥架的支架上；水平敷设时，在线缆的首、尾、拐弯处每间隔 2～3m 处进行固定。

3）电缆线槽宜高出地面 2.2m。在吊顶内设置时，槽盖开启面应保持 80mm 的垂直净空，线槽截面利用率不应超过 50%。

4）水平布线时，布放在线槽内的线缆可以不绑扎，槽内线缆应顺直，尽量不交叉，线缆不应溢出线槽，在线缆进出线槽部位，拐弯处应绑扎固定。垂直线槽布放线缆应每间隔 1.5m 固定在线缆支架上。

5）在水平、垂直桥架和垂直线槽中敷设线缆时，应对线缆进行绑扎。绑扎间距不宜大于 1.5m，扣间距应均匀，松紧适度。

（2）预埋金属线槽支撑保护方式

1）在建筑物中预埋线槽可视不同尺寸，按一层或两层设置，应至少预埋两根以上，线槽截面高度不宜超过 25mm。

2）线槽直埋长度超过 6m 或在线槽路由交叉、转变时宜设置拉线盒，以便于布放线缆和维修。

3）拉线盒盖应能开启，并与地面齐平，盒盖处应采取防水措施。

4）线槽宜采用金属管引入分线盒内。

（3）格形线槽和沟槽结合的保护方式

1）沟槽和格形线槽必须沟通。

2）沟槽盖板可开启，并与地面齐平，盖板和插座出口处应采取防水措施。

3）沟槽的宽度宜小于 600mm。

4）活动地板内净空不应小于 150mm，地板内净高不应小于 300mm。

5）采用公用立柱作为吊顶支撑时，可在立柱中布放线缆，立柱支撑点宜避开沟槽和线槽位置，支撑应牢固。

6）不同种类的线缆布线在金属槽内时，应同槽分隔（用金属板隔开）布放。

7）在工作区的信息点位置和线缆敷设方式未定的情况下，或在工作区采用地毯下布放线缆方式时，在工作区宜设置交接箱，每个交接箱的服务面积约为 80cm^2。

2. 管的线缆敷设

管的线缆敷设一般采用预埋暗管的方法，即预埋暗管支撑保护方式。

1）暗管宜采用金属管，预埋在墙体中间的暗管内径不宜超过 50mm；楼板中的暗管内径宜为 15～25mm。

2）暗管的转弯角度应大于 90°，在路径上每根暗管的转弯点不得多于两个，并不应有 S 弯出现。

3）暗管转变的曲率半径不应小于该管外径的 6 倍，当暗管外径大于 50mm 时，不应小于 10 倍。

4）暗管管口应光滑，并加有绝缘套管，管口伸出部位应为 25～50mm。

2.2.5　信息模块

信息模块是网络工程中经常使用的一种器材，分为 6 类、超 5 类、3 类几种，且有屏蔽和非屏蔽之分，如图 2-13 所示。

打线柱外壳材料为聚碳酸酯，IDC 打线柱夹子为磷青铜，适用于 22AWG、24AWG 及 26AWG（0.64mm、0.5mm 及 0.4mm）线缆，耐用性为 350 次插拔。

在 100MHz 下测试传输性能：近端串扰 44.5dB、衰减 0.17dB、回波损耗 30.0dB，平均 46.3dB。

图 2-13　信息模块

2.3　常用工具

2.3.1　铜缆工具箱

铜缆工具箱如图 2-14 所示。

1）RJ-45 口网络压线钳：用于压接 RJ-45 接头，辅助作用是剥线，如图 2-15 所示。

2）单口网络打线钳：主要用于跳线架打线，如图 2-16所示。打线时应注意打线刀头是否良好；打线时应对正模块，快速打下，并且用力适当；打线刀头属于易耗品，刀头裁线次数≤1000 次，超过使用次数后请及时更换。

3）2m 钢卷尺：主要用于量取耗材、布线长度，属于易耗品，如图 2-17 所示。

图 2-14　铜缆工具箱

4）150mm 活扳手：主要用于拧紧螺母，如图 2-18 所示。使用时应调整钳口开合与螺母规格相适应，并且用力适当，防止扳手滑脱。

5）150mm 十字螺钉旋具：主要用于十字槽螺钉的拆装，如图 2-19 所示。使用时应将螺钉旋具十字卡进螺钉槽内，并且用力适当。

6）锯弓：主要用于切割 PVC 管槽，如图 2-20 所示。

7）锯弓条：配合锯弓用于切割管槽等耗材，如图 2-20 所示。

8）美工刀：主要用于切割实训材料或剥开线皮，如图 2-21 所示。

9）线管剪：主要用于剪切 PVC 线管，如图 2-22 所示。

图 2-15　　RJ-45 口网络压线钳

图 2-16　　单口网络打线钳

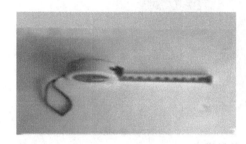

图 2-17　2m 钢卷尺

图 2-18　　150mm 活扳手

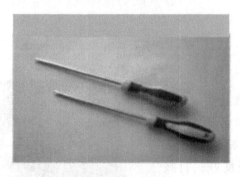

图 2-19　螺钉旋具

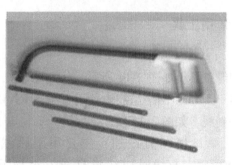

图 2-20　锯弓和锯弓条

图 2-21　美工刀

图 2-22　线管剪

2.3.2　光纤工具箱

光纤工具箱如图 2-23 所示。

图 2-23　光纤工具箱

1）束管钳：主要用于剪切光缆中的钢丝绳，如图 2-24 所示。

2）8in 多用剪：适合剪一些相对柔软的物件，如牵引线等，如图 2-25 所示，不宜用来剪硬物。

3）剥皮钳：主要用于光缆或者尾纤的护套剥皮，不适合剪切室外光缆的钢丝，如图 2-26 所示。剪剥外皮时，要注意剪口的选择。

4）美工刀：用于裁剪跳线、双绞线内部牵引线等，如图 2-27 所示，不可用来切硬物。

5）150mm 活扳手：用于紧固螺钉。

6）横向开缆刀：用于切割室外光缆的黑色外皮，如图 2-28 所示。

7）清洁球：用于清洁灰尘，如图 2-29 所示。

8）背带：便于携带工具箱。

9）酒精泵：盛放酒精，如图 2-30 所示。酒精泵不可倾斜放置，盖子不能打开，以防止酒精挥发。

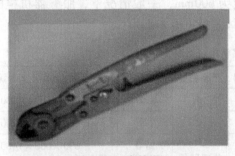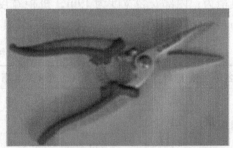

图 2-24　束管钳　　　　　　　　图 2-25　8in 多用剪

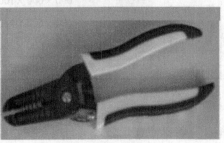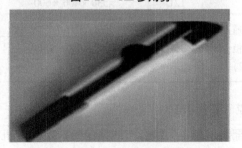

图 2-26　剥皮钳　　　　　　　　图 2-27　美工刀

图 2-28　横向开缆刀

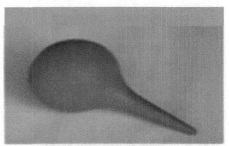
图 2-29　清洁球

图 2-30　酒精泵

2.4　机柜

2.4.1　标准 U 机柜

　　机柜是存放设备和线缆交接的地方。标准 U 机柜以 U 为单位区分（$1U = 44.45mm$）。标准的机柜为：内部安装宽度为 19in，机柜宽度为 600mm，一般情况下，服务器机柜的深度 $\geqslant 800mm$，而网络机柜的深度 $\leqslant 800mm$。其具体规格见表 2-5。

表 2-5　网络机柜规格表

产品名称	用户单元	规格型号/mm（宽×深×高）	产品名称	用户单元	规格型号/mm（宽×深×高）
普通墙柜系列	6U	530×400×300	普通网络机柜系列	18U	600×600×1000
	8U	530×400×400		22U	600×600×1200
	9U	530×400×450		27U	600×600×1400
	12U	530×400×600		31U	600×600×1600
普通服务器机柜系列（加深）	31U	600×800×1600		36U	600×600×1800
	36U	600×800×1800		40U	600×600×2000
	40U	600×800×2000		45U	600×600×2200

2.4.2　配线机柜

　　配线机柜是为综合布线系统特殊定制的机柜。其特殊点在于增添了布线系统特有的一些附件，并对电源的布局提出了特别的要求。常见的配线机柜如图 2-31 所示。

图 2-31　常见的配线机柜

2.4.3　服务器机柜

常用服务器机柜一般安装在设备间子系统中，如图 2-32 所示。

图 2-32　服务器机柜

2.4.4　壁挂式机柜

壁挂式机柜主要用于摆放轻巧的网络设备，外观轻巧美观，如图 2-33 所示。其全柜采用全焊接式设计，牢固可靠。机柜背面有四个挂墙的安装孔，可将机柜挂在墙上节省空间。

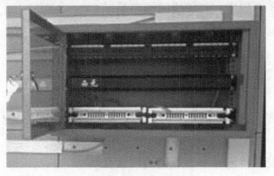

图 2-33　壁挂式机柜

习题 2 🔍

一、填空题

1. 目前，在综合布线工程中常使用的传输介质有_____、_____、大对数双绞线、_____等。

2. _____是综合布线工程中最常用的传输介质。

3. 双绞线是由两根具有绝缘保护层的_____组成的，其英文缩写是 TP。

4. 目前，常用的双绞线电缆一般分为两大类，第一大类为_____，简称 UTP 网线；第二大类为____，简称为 STP。

5. 5 类、超 5 类双绞线的传输速率能达到_____，6 类双绞线的传输速率能达到 250Mbit/s，7 类双绞线的传输速率能达到 620Mbit/s。

6. 在双绞线的制作工艺中，首先将铜棒拉制成直径为_____的铜导线。

7. 在综合布线标准中规定，双绞线直流电阻不得大于_____Ω，每对间的差异不能太大（小于 0.1Ω），否则表示接触不良。

8. 衰减串扰比（ACR）是反映电缆性能的另一个重要参数，较大的 ACR 值表示对抗干扰的能力更_____，系统要求至少大于_____。

9. 《综合布线系统工程设计规范》GB 50311—2016 中对双绞线电缆类型的命名方法规定：U 为_____、F 为_____、S 为_____。

10. 屏蔽双绞线比非屏蔽双绞线更能防止_____，以避免数据传输速率降低。

二、选择题

1. 下列属于有线传输介质的是（　　）。
   A. 双绞线　　　　　　B. 同轴电缆　　　　　C. 光缆　　　　　　D. 微波

2. 下列不属于非屏蔽双绞线的是（　　）。
   A. 5 类线　　　　　　B. 超 5 类线　　　　　C. 6 类线　　　　　D. 7 类线

3. 对于双绞线电缆，主要技术参数有（　　）。
   A. 衰减　　　　　　　B. 直流电阻　　　　　C. 特征阻抗　　　　D. 近端串扰比

4. 下列属于光纤连接器类型的是（　　）。
   A. ST　　　　　　　　B. SC　　　　　　　　C. FC　　　　　　　D. CT

5. ANSI/EIA/TIA 568B 中规定，双绞线的线序是（　　）。
   A. 白橙、橙、白绿、蓝、白蓝、绿、白棕、棕
   B. 白橙、橙、白绿、绿、白蓝、蓝、白棕、棕
   C. 白绿、绿、白橙、蓝、白蓝、橙、白棕、棕
   D. 以上都不是

6. 若要求网络传输带宽达到 600Mbit/s，则应选择的双绞线类型是（　　）。
   A. 5 类　　　　　　　B. 超 5 类　　　　　　C. 6 类　　　　　　D. 7 类

7. 下列会影响网络双绞线传输速率和距离的因素有（　　）。
   A. 4 对绞绕节距和松紧度　　　　　　　　B. 两芯线绞绕节距和松紧度

  C. 布线拉力　　　　　　　　　　D. 护套厚度

8. 关于非屏蔽双绞线电缆的说法错误的是（　　）。

  A. 大量用于水平子系统的布线　　　B. 无屏蔽外套，直径小

  C. 比屏蔽电缆成本低　　　　　　　D. 比同类的屏蔽双绞线更能抗干扰

9. 一电缆护套上标有 F/UTP 字样，它属于（　　）。

  A. 光缆　　　　　　　　　　　　　B. 在最外层没有使用屏蔽层的双绞线

  C. 每对线芯都有屏蔽层　　　　　　D. 每对线芯没有屏蔽，但是最外层有屏蔽

10. 某项目位于电视塔附近，电磁干扰很严重，且要求信道传输带宽达到 200Mbit/s，则应选择（　　）。

  A. 超 5 类 UTP　　　　　　　　　　B. 6 类 UTP

  C. 超 5 类 STP　　　　　　　　　　D. 6 类 STP

三、思考题

1. 常用的网络连接线缆都有哪些？分别列举其特点和用途。

2. 综合布线中的连接器件都有哪些？说明其用途。

3. 超 5 类、6 类和 7 类综合布线的标准分别是什么？

4. 综合布线过程中的常用工具有哪些？使用时应该注意哪些问题？

5. 综合布线过程中使用的耗材有哪些？加工这些耗材应注意哪些问题？

项目 3　综合布线工程的设计实践

学习概要

1. 能够按照设计规范和标准进行综合布线各个子系统的设计。
2. 能够进行综合布线系统防护系统设计。
3. 具有为综合布线材料、设备选型的能力。
4. 具有使用综合布线系统拓扑图、综合布线信息点分布图等图的能力。

内容概要

1. 综合布线各子系统设计规范、标准。
2. 综合布线各系统的基本概念。
3. 综合布线系统工程各个子系统的设计方法。
4. 综合布线系统术语、符号。

3.1　图表设计实践

结构设计主要设计建筑物的基础和框架结构，例如楼层高度、柱间距、楼面荷载等主体结构内容。

土建设计依据结构设计图纸，主要设计建筑物的隔墙、门窗、楼梯、卫生间等，决定建筑物内部的使用功能和区域分割。

水暖设计依据土建设计图纸，主要设计建筑物的上水和下水管道的直径、阀门和安装路由等，在北方地区还要设计冬季暖气管道的直径、阀门和安装路由等。

强电设计主要设计建筑物内部 380V 或者 220V 电力线的直径、插座位置、开关位置和布线路由等，确定照明、空调等电气设备插座位置等。

弱电设计包括计算机网络系统、通信系统、广播系统、门警系统、监控系统等智能化系统线缆规格、接口位置、机柜位置、布线埋管路由等。

在智能化建筑项目的设计中，弱电系统的布线设计一般为最后一个步骤，如图 3-1 所示。

结构设计 ⟶ 土建设计 ⟶ 水暖设计 ⟶ 强电设计 ⟶ 弱电设计

图 3-1　智能建筑设计流程图

这是因为弱电系统属于智能建筑的基础设施，直接关系建筑物的实际使用功能，其设计非常重要，也最为复杂。

综合布线工程涵盖各个方面，其中常用的基本设计项目如下：系统图设计、施工图设计、预算表编制、材料表编制、点数统计表编制、端口对应表设计、施工进度表编制。

3.1.1 综合布线系统图设计

点数统计表非常全面地反映了该项目的信息点数量和位置，但是不能反映信息点的连接关系，这就需要设计网络综合布线系统图了。

综合布线系统图非常重要，它直接决定网络应用拓扑图。综合布线系统图是智能建筑设计蓝图中必有的重要内容，一般在电气施工图册的弱电图纸部分的首页。

1. 设计要点

（1）图形符号必须正确

《综合布线系统工程设计规范》GB 50311—2016 中使用的图形符号如下：

1）⊠代表网络设备和配线设备，左右两边的竖线代表网络配线架，如光纤配线架、铜缆配线架，中间的 X 代表网络交互设备，如网络交换机。

2）□代表网络插座，如单口网络插座、双口网络插座等。

3）线条代表缆线，如室外光缆、室内光缆、双绞线电缆等。

（2）连接关系清楚

设计系统图的目的就是为了规定信息点的连接关系，因此必须按照相关标准规定，清楚地给出信息点之间的连接关系。这些连接关系实际上决定了网络拓扑图。

（3）缆线型号标记正确

在系统图中要将 CD—BD、BD—FD、FD—TO 之间设计的缆线规定清楚，特别要标明是光缆还是电缆。系统中规定的缆线也直接影响工程总造价。

（4）说明完整

系统图设计完成后，必须在图纸的空白位置增加设计说明。

（5）图面布局合理

任何工程图都必须注意图面布局合理，比例合适，文字清晰。

（6）标题栏完整

标题栏是任何工程图都不可缺少的内容，一般在图纸的右下角。标题栏一般至少包括以下内容：

1）建筑工程名称。例如：广州民航职业技术学院实训基地。

2）项目名称。例如：网络综合布线系统图。

3）工种。例如：电施图。

4）图纸编号。

5）设计人签字。

6）审核人签字。

7）审定人签字。

2. 设计步骤

（1）创建 AutoCAD 绘图文件

首先打开程序，创建一个 AutoCAD 绘图文件，同时给该文件命名，如命名为"02-网络综合布线工程教学模型系统图"。

在系统中依次选择"所有程序"→"Autodesk"→"AutoCAD 2010-Simplified Chinese"→"AutoCAD 2010"命令，如图 3-2 所示。

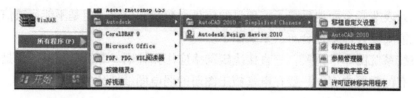

图 3-2　打开 AutoCAD

在 AutoCAD 2010 中，创建新图形文件有以下 3 种方法。

1）在命令行中输入"new"，按 < Enter > 键。

2）在菜单栏中选择"文件"→"新建"命令。

3）在快速访问工具栏中单击"新建"按钮。

执行"新建"命令后，会弹出"选择样板"对话框，如图 3-3 所示。选择对应的样板后，单击"打开"按钮，即可建立新的图形。

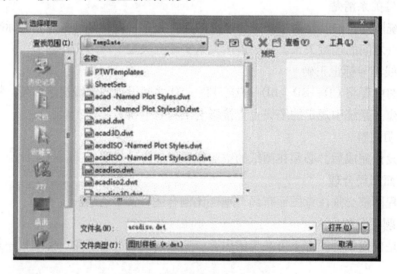

图 3-3　"选择样板"对话框

（2）绘制配线设备图形

具体绘制图形的步骤如下：

1）将图层转换为"虚线"层，绘制两个正方形作为辅助线，并将其移动到同心位置，如图 3-4 所示。

2）将图层转换为"设备"层，绘制两条直线，与外围正方形两侧边重合，再绘制出内部正方形的两条对角线，如图 3-5 所示。

3）删除"虚线"层的辅助线，即完成配线设备的绘制，如图 3-6 所示。利用"W"命令将其保存为"配线设备"模块，如图 3-7 所示。

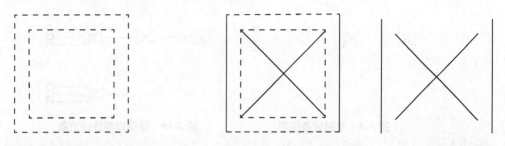

图 3-4　绘制配线设备——添加虚线　　图 3-5　绘制配线设备——绘制实线　　图 3-6　绘制配线设备

4）将图层转换为"设备"层，绘制正方形，如图 3-8 所示。利用"W"命令将其保存为"网络插座"模块。

图 3-7　写块保存图形　　　　　　　　　　图 3-8　绘制网络插座

（3）插入设备图形

切换到"设备层"，通过"插入块"命令将设计好的"配线设备"与"网络插座"块插入到图形中，通过"复制"和"移动"命令对图中建筑群配线设备图形（CD）、建筑物配线设备图形（BD）、楼层管理间配线设备图形（FD）和工作区网络插座图形（TO）进行排列，如图 3-9 所示。

（4）设计网络连接关系

切换到"缆线层"，利用"直线"命令将 CD—BD、BD—FD、FD—TO 符号连接起来，这样就清楚地给出了 CD—BD、BD—FD、FD—TO 之间的连接关系，这些连接关系实际上决定了网络拓扑图，如图 3-10 所示。

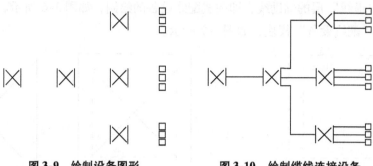

图 3-9　绘制设备图形　　　　　图 3-10　绘制缆线连接设备

（5）添加设备图形符号和说明

为了方便快速阅读图纸，一般在图纸中需要添加图形符号和缩略词的说明，通常使用英文缩略语，再用中文标明图中的线条，如图 3-11 所示，切换到"符号标注"层，利用"多行文字"命令对各设备进行标注。

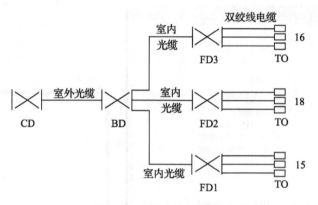

图 3-11　综合布线系统图

（6）添加设计说明

为了更加清楚地说明设计思想，一般要在图纸的空白位置增加设计说明，重点说明特殊图形符号和设计要求，切换到"文字层"，对系统图添加"设计说明"，如图 3-12 所示。例如，教学模型的设计说明内容如下：

1）CD 表示建筑群配线设备。

2）BD 表示建筑物配线设备。

3）FD 表示楼层管理间配线设备。

4）TO 表示网络信息插座。

5）⊠表示配线设备。CD 和 BD 为光纤配线架，FD 为光纤配线架或电缆配线架。

6）□表示网络插座，可以选择单口或者双口网络插座。

7）直线表示缆线，CD—BD 为 4 芯单模室外光缆，BD—FD 为 4 芯多模室内光缆或双绞线电缆，FD—TO 为双绞线电缆。

8）CD—BD 室外埋管布线，BD—FD1 地下埋管布线，BD—FD2、BD—FD3 沿建筑物墙体埋管布线。FD—TO 一层为地面埋管布线，沿隔墙暗管布线到 TO 插座底盒；二层为明槽暗管布线方式，楼道为明装线槽或者桥架，室内沿隔墙暗管布线到 TO 插座底盒；三层在楼板中隐蔽埋管或者在吊顶上暗装桥架，沿隔墙暗管布线到 TO 插座底盒。在两端预留缆线，方便端接。在 TO 底盒内预留 0.2m，在 CD、BD、FD 配线设备处预留 2m。

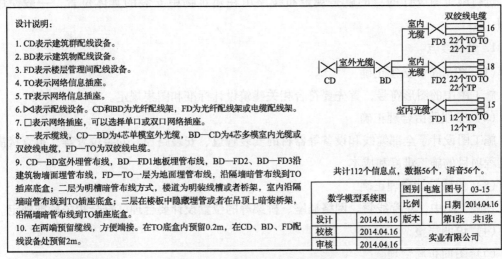

图 3-12　网络综合布线系统图

（7）设计标题栏

标题栏是工程图不可缺少的内容，一般布置在图纸的右下角，包括以下内容：

1）项目名称。

2）图纸类别。

3）图纸编号。

4）设计单位。

5）设计人签字。

6）审核人签字。

7）审定人签字。

（8）保存图形

在菜单栏中选择"文件"→"另存为"命令，将当前图形保存到新的位置，系统弹出"图形另存为"对话框，如图 3-13 所示。输入新名称，单击"保存"按钮。

图 3-13　"图形另存为"对话框

3.1.2　施工图设计

进行施工图设计的目的就是规定布线路由在建筑物中安装的具体位置，一般使用平面图。

1. 设计要点

（1）图形符号必须正确

施工图中的图形符号，首先要符合相关建筑设计标准和图集规定。

（2）布线路由合理正确

施工图设计了全部缆线和设备等器材的安装管道、安装路径、安装位置等，也直接决定了工程项目的施工难度和成本。

（3）位置设计合理正确

在施工图中，对穿线管、网络插座、桥架等的位置设计要合理，符合相关标准规定。

（4）说明完整

（5）图面布局合理

（6）标题栏完整

2. 设计步骤

（1）创建 Visio 绘图文件

首先打开程序，选择创建一个 Visio 绘图文件，同时给该文件命名，例如命名为："03-教学模型二层施工图"。把图面设置为 A4 横向，比例为 1:10，单位为 mm。

（2）绘制建筑物平面图

按照教学模型实际尺寸，绘制出建筑物二层平面图，如图 3-14 所示。

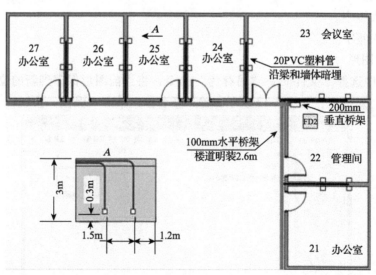

图 3-14　教学模型二层施工图

（3）设计信息点位置

根据点数统计表中每个房间的信息点数量，设计每个信息点的位置。

（4）设计管理间位置

楼层管理间的位置一般紧靠建筑物设备间，可以看到该教学模型的建筑物设备间在一层11号房间，一层管理间在隔壁的12号房间，垂直子系统桥架也在12号房间，因此就把二层的管理间安排在22号房间。

（5）设计水平子系统布线路由

二层采取楼道明装100mm水平桥架，过梁和墙体暗埋20PVC塑料管到信息插座。墙体两边房间的插座共用PVC管，在插座处分别引到两个背对背的插座。

（6）设计垂直子系统路由

该建筑物的设备间位于一层的12号房间，使用200mm桥架，沿墙垂直安装到二层22号房间和三层32号房间，并且与各层的管理间机柜连接。

（7）设计局部放大图

如图3-14所示，设计了25号房间A向视图，标注了具体的水平尺寸和高度尺寸。

（8）添加文字说明

如图3-14所示，添加了"100mm水平桥架楼道明装2.6m""20PVC塑料管沿梁和墙体暗埋"，并且用箭头指向说明位置。

（9）增加设计说明

（10）设计标题栏

3.1.3 预算表编制

工程项目预算表是确认总造价的依据，也是工程项目合同的附件，更是甲乙双方最为关注和纠结的技术文件，一般分为IT预算法和国家定额预算法两种，在后续章节中将详细介绍。

3.1.4 材料表编制

1. 设计要点

编制材料表的一般要求如下：

1）表格设计合理。

2）文件名称正确。

3）材料名称和型号正确。

4）材料规格齐全。

5）材料数量满足需要。

6）考虑低值易耗品。

7）签字和日期正确。

2. 设计步骤

（1）文件命名和表头设计

文件名称为"综合布线教学模型二层布线材料表"，表头内容见表3-1。

表 3-1　综合布线教学模型二层布线材料表

序号	材料名称	型号或规格	数量	单位	品牌	说明
1	网络电缆	超五类非屏蔽电缆	12	m		305m/箱
2	信息插座底盒	86 型透明	12	个		
3	信息插座面板	86 型透明	12	个		带螺钉 2 个
4	网络模板	超五类非屏蔽	12	个		
5	语音模块	RJ11	12	个		
6	线槽	39×18/20×10	3.5/4	m		
7	线槽直角	39×18/20×10	0/4	个		
8	线槽堵头	39×18/20×10	2/1	个		
9	线槽阴角	39×18/20×10	1/1	个		
10	线槽阳角	39×18/20×10	1/0	个		
11	线槽三通	39×18/20×10	0/1	个		
12	安装螺钉	M6×16	20	个		

（2）填写序号栏

序号直接反映该项目材料品种的数量，一般自动生成，使用"1、2"等数字，不要使用"一、二"等。

（3）填写材料名称栏

材料名称必须正确，并且使用规范的名词术语。

（4）填写材料型号或规格栏

名称相同的材料，往往有多种型号或者规格，就网络电缆而言，就有 5 类、超 5 类和 6 类，屏蔽和非屏蔽，室内和室外等多个规格。

（5）填写材料数量栏

材料数量中，必须包括网络电缆、模块等余量，对有独立包装的材料，一般按照最小包装数量填写，数量必须为"整数"。

（6）填写材料单位栏

材料单位一般有"箱""个""件"等，必须准确，例如，PVC 线管如果只有数量"200"，没有单位，采购人员就不知道是 200m，还是 200 根。

（7）填写材料品牌或厂家栏

同一种型号和规格的材料，如果品牌或厂家不同，产品制造工艺往往不同，质量也不同，价格差别也很大，因此必须根据工程需求，在材料表中明确填写品牌和厂家。

（8）填写说明栏

说明栏主要是把容易混淆的内容说明清楚，如表 3-1 中第 1 行网络电缆说明"每箱305m"。

（9）填写编制者信息

在表格的下边，需要增加文件编制者信息，文件打印后签名，对外提供时还需要单位盖章。

3.1.5　点数统计表编制

编制信息点数量统计表的目的是快速准确地统计建筑物的信息点。设计人员为了快速合计和方便制表，一般使用 Microsoft Excel 工作表软件进行统计表编制。

点数统计表在工程实践中是常用的统计和分析方法，也适合监控系统、楼控系统等设备比较多的各种工程应用，见表 3-2。

表 3-2　网络综合布线工程教学模型点数统计表

房间号		x1		x2		x3		x4		x5		x6		x7		合计		
楼层号		TO	TP	TO	TP	TO	TP	TO	TP	TO	TP	TO	TP	TO	TP	TO	TP	总计
三层	TO	2		2		4		4		4		4		2		22		
	TP		2		2		4		4		4		4		2		22	
二层	TO	2		2		4		4		4		4		2		22		
	TP		2		2		4		4		4		4		2		22	
一层	TO	1		1		2		2		2		2		2		12		
	TP		1		1		2		2		2		2		2		12	
合计	TO	5		5		10		10		10		10		6		56		
	TP		5		5		10		10		10		10		6		56	
总计																		112

1. 设计要点

1）表格设计合理。

2）数据正确。

3）文件名称正确。

4）签字和日期正确。

2. 设计步骤

（1）创建工作表

创建点数统计表 Excel 文件，如图 3-15 所示。

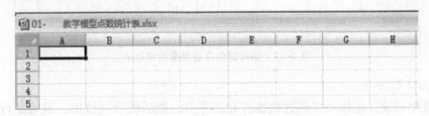

图 3-15　创建点数统计表初始图

（2）编制表格，填写栏目内容

需要把这个通用表格编制为适合人们使用的点数统计表，通过合并行、列进行。已经编制好的空白点数统计表如图 3-16 所示。

图 3-16　空白点数统计表

首先在表格第一行填写文件名称，第二行填写房间或区域编号，第三行填写数据点和语音点。一般数据点在左栏，语音点在右栏，其余行对应楼层，注意每个楼层按照两行编制，其中一行为数据点，一行为语音点。

（3）填写数据和语音信息点数量

按照网络综合布线工程教学模型，把每个房间的数据点和语音点数量填写到表格中。

表格中不需要设置信息点的位置不能空白，而是填写 0，表示已经考虑过这个点。图 3-17 所示为已经填写好的表格。

图 3-17　填写好信息点数量的统计表

（4）合计数量

首先按照行统计出每个房间的数据点和语音点，然后统计列数据，最后进行合计，如图 3-18 所示。

在图 3-18 所示的点数统计表中可以看到，该教学模型共计有 112 个信息点，其中数据点 56 个，语音点 56 个。一层数据点 12 个，语音点 12 个，二层数据点 22 个，语音点 22 个，三层数据点 22 个，语音点 22 个。

网络综合布线工程教学模型点数统计表（单元格 S12 = 112）

房间号 / 楼层号	TO/TP	x1	x2	x3	x4	x5	x6	x7	合计 TO	合计 TP	总计
三层	TO	2	2	4	4	4	4	2	22		
	TP	2	2	4	4	4	2			22	
二层	TO	2	2	4	4	4	4	2	22		
	TP	2	2	4	4	4	2			22	
一层	TO	1	1	2	2	2	2	2	12		
	TP	1	1	2	2	2	2			12	
合计	TO	5	5	10	10	10	10	6	56		
	TP	5	5	10	10	10	10	6		56	
总计											112

编写：　　审核：　　审定：

图 3-18　完成的信息点数量统计表

（5）打印和签字盖章

完成信息点数量统计表编写后，打印该文件，并且签字确认，正式提交时必须盖章。图 3-19 所示为打印出来的文件。

西元网络综合布线工程教学模型点数统计表

房间号 / 楼层号	TO/TP	x1	x2	x3	x4	x5	x6	x7	合计 TO	合计 TP	总计
三层	TO	2	2	4	4	4	4	2	22		
	TP	2	2	4	4	4	2			22	
二层	TO	2	2	4	4	4	4	2	22		
	TP	2	2	4	4	4	2			22	
一层	TO	1	1	2	2	2	2	2	12		
	TP	1	1	2	2	2	2			12	
合计	TO	5	5	10	10	10	10	6	56		
	TP	5	5	10	10	10	10	6		56	
总计											112

编写：蔡永亮　审核：樊景　审定：王金矿　西安开元电子实业有限公司　2016年12月12日

图 3-19　打印和签字的点数统计表

点数统计表在工程实践中是常用的统计和分析方法，也适合监控系统、楼控系统等设备比较多的各种工程应用。

3.1.6　端口对应表编制

端口对应表是综合布线施工必需的技术文件，主要规定房间编号、每个信息点的编号、配线架编号、端口编号、机柜编号等，主要用于系统管理、施工方便和后续日常维护。

1. 设计要点

1）表格设计合理。

2）编号正确。

3）文件名称正确。

4）签字和日期正确。

2. 设计步骤

（1）文件命名和表头设计

（2）设计表格

例如表3-3中为7列，第一列为"序号"，第二列为"信息点编号"，第三列为"机柜编号"，第四列为"配线架编号"，第五列为"配线架端口编号"，第六列为"插座底盒编号"，第七列为"房间编号"。

（3）填写机柜编号

综合布线教学模型中2号楼为三层结构，而且一层管理间只有1个机柜，图中标记为FD1，因此就在表格中"机柜编号"栏全部行填写"FD1"。

（4）填写配线架编号

教学模型一层共设计有24个信息点。设计中一般会使用1个24口配线架，把该配线架命名为1号，该层全部信息点将端接到该配线架，因此就在表格中"配线架编号"栏全部行填写"1"。

（5）填写配线架端口编号

一般每个信息点对应一个端口，一个端口只能端接一根双绞线电缆，因此就在表格中"配线架端口编号"栏从上向下依次填写数字"1""2"…"24"。

（6）填写插座底盒编号

一般按照顺时针方向从1开始编号。一般每个底盒设计和安装双口面板插座，因此就在表格中"插座底盒编号"栏从上向下依次填写数字"1"或"2"。

（7）填写房间编号

一般用2位或者3位数字编号，第一位表示楼层号，第二位或者第二三位为房间顺序号。教学模型中每层只有7个房间，所以就用2位数编号，例如一层分别为11，12，…，17。

（8）填写信息点编号

把每行第三～第七栏的数字或者字母用"—"连接起来填写在"信息点编号"栏。特别注意双口面板一般安装两个信息模块，为了区分这两个信息点，一般左边用"Z"，右边用"Y"标记和区分，如图3-20所示。

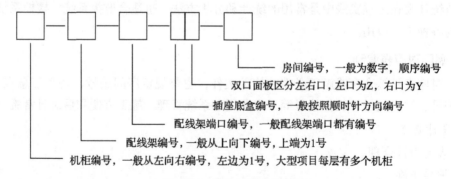

图3-20　信息点编号规定

（9）填写编制人和单位等信息

在端口对应表的下面必须填写"编制人""审核人""审定人""编制单位""日期"等信息，见表3-3。

表 3-3 综合布线教学模型端口对应表

序号	信息点编号	机柜编号	配线架编号	配线架端口编号	插座底盒编号	房间编号
1	FD-1Z-11	FD1	1	1	1	11
2	FD-1Y-11	FD1	1	2	1	11
3	FD-1Z-12	FD1	1	3	1	12
4	FD-1Y-12	FD1	1	4	1	12
5	FD-1Z-13	FD1	1	5	1	13
6	FD-1Y-13	FD1	1	6	1	13
7	FD-1Z-13	FD1	1	7	2	13
8	FD-1Y-13	FD1	1	8	2	13
9	FD-1Z-14	FD1	1	9	1	14
10	FD-1Y-14	FD1	1	10	1	14
11	FD-1Z-14	FD1	1	11	2	14
12	FD-1Y-14	FD1	1	12	2	14
13	FD-1Z-15	FD1	1	13	1	15
14	FD-1Y-15	FD1	1	14	1	15
15	FD-1Z-15	FD1	1	15	2	15
16	FD-1Y-15	FD1	1	16	2	15
17	FD-1Z-16	FD1	1	17	1	16
18	FD-1Y-16	FD1	1	18	1	16
19	FD-1Z-16	FD1	1	19	2	16
20	FD-1Y-16	FD1	1	20	2	16
21	FD-1Z-17	FD1	1	21	1	17
22	FD-1Y-17	FD1	1	22	1	17
23	FD-1Z-17	FD1	1	23	2	17
24	FD-1Y-17	FD1	1	24	2	17

编制人： 审核人： 审定人： 编制单位： 日期：

3.1.7 施工进度表编制

综合布线系统工程施工组织进度表的编制见表3-4。

表 3-4 综合布线系统工程施工组织进度表

	2017 年 4 月														
	1	3	5	7	9	11	13	15	17	19	21	23	25	27	29	30
一、合同签订															
二、图纸会审															

（续）

	2017 年 4 月															
	1	3	5	7	9	11	13	15	17	19	21	23	25	27	29	30
三、设备订购与检验			────													
四、主干线槽管架设及光缆敷设				──────												
五、水平线槽管架设及线缆敷设					──────											
六、信息插座的安装						────										
七、机柜的安装										──						
八、光缆端接及配线架的安装											──					
九、内部测试及调整											──					
十、组织验收													──			

3.2 工作区子系统设计实践

3.2.1 工作区子系统概述

工作区子系统是指从信息插座延伸到终端设备的整个区域，即一个独立的需要设置终端的区域划分为一个工作区。工作区域可支持电话机、数据终端、计算机、电视机、监视器以及传感器等终端设备。它包括信息插座、信息模块、网卡和连接所需的跳线，并在终端设备和输入/输出（I/O）之间搭接，相当于电话配线系统中连接话机的用户线及话机终端部分。典型的工作区子系统如图 3-21 所示。

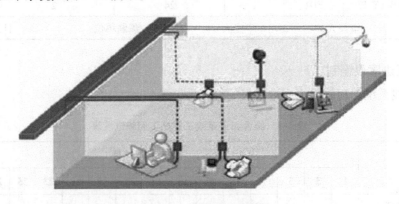

图 3-21　工作区子系统

3.2.2 工作区子系统的设计要求和方法

1. 工作区设计要点

1）工作区内线槽的敷设要合理、美观。

2）信息插座设计在距离地面 30mm 以上。

3）信息插座与计算机设备的距离保持在 5m 范围内。

4）网卡接口类型要与线缆接口类型保持一致。

5）所有工作区所需的信息模块、信息插座、面板的数量要准确。

设计工作区时，具体操作可按以下 3 步进行。

1）根据楼层平面图计算每层楼布线面积。

2）估算信息引出插座数量，一般设计两种平面图供用户选择。为基本型设计出每 9m² 一个信息引出插座的平面图；为增强型或综合型设计出两个信息引出插座的平面图。

3）确定信息引出插座的类型。信息引出插座分为嵌入式和表面安装式两种，通常新建筑物采用嵌入式信息引出插座，而现有的建筑物通常采用表面安装式的信息引出插座。

2. 信息插座连接技术要求

每个工作区至少要配置一个插座盒。对于难以再增加插座盒的工作区，要至少安装两个分离的插座盒。信息插座是终端（工作站）与水平子系统连接的接口。其中最常用的为 RJ-45 信息插座，即 RJ-45 连接器。虽然适配器和设备可用在几乎所有的场合，以适应各种需求，但在做出设计承诺之前，必须仔细考虑将要集成的设备类型和传输信号类型。在做出上述决定时必须考虑以下 3 个因素。

1）选择各种设计方案在经济上的最佳折中。

2）系统管理的一些比较难以捉摸的因素。

3）在布线系统寿命期间移动和重新布置所产生的影响。

3. 工作区子系统的设计

工作区子系统的设计步骤如下：研读委托书→需求分析→技术交流→阅读图纸→初步设计→工程概算→方案确认→正式设计→工程预算。

（1）工作区面积的确定

一般建筑物设计中，网络综合布线系统工作区面积的需求见表 3-5。

表 3-5　工作区面积划分表（GB 50311—2016 规定）

建筑物类型及功能	工作区面积/m²
网管中心、呼叫中心、信息中心等终端设备较为密集的场地	3~5
办公区	5~10
会议、会展	10~60
商场、生产机房、娱乐场所	20~60
体育场馆、候机室、公共设施区	20~100
工业生产区	60~200

（2）工作区信息点的配置

每个工作区信息点数量可按用户的性质、网络构成和需求来确定。

在网络综合布线系统工程实际应用和设计中，一般按照下述面积或者区域配置和确定信息点数量。表 3-6 为常见工作区信息点的配置原则，供设计者参考。

表 3-6　常见工作区信息点的配置原则

工作区类型及功能	安装位置	信息点数量	
		数据	语音
网管中心、呼叫中心、信息中心等终端设备较为密集的场地	工作台附近的墙面、集中布置的隔断或地面	1 个/工位	1 个/工位
集中办公区域的写字楼、开放式工作区等人员密集的场所	工作台附近的墙面、集中布置的隔断或地面	1 个/工位	1 个/工位
研发室、试制室等科研场所	工作台或者试验台处墙面、地面	1 个/台	1 个/台
董事长、经理、主管等独立办公室	工作台处墙面或者地面	2 个/间	2 个/间
餐厅、商场等服务业	收银区和管理区	1 个/50m²	1 个/50m²
宾馆标准间	床头或写字台或浴室	1 个/间，写字台	1~3 个/间
学生公寓（4 人间）	写字台处墙面	4 个/间	4 个/间
公寓管理室、门卫室	写字台处墙面	1 个/间	1 个/间
教学楼教室	讲台附近	2 个/间	0
住宅楼	书房	1 个/套	2~3 个/套
小型会议室/商务洽谈室	主席台处地面或者台面、会议桌地面或者台面	2~4 个/间	2 个/间
大型会议室，多功能厅	主席台处地面或者台面、会议桌地面或者台面	5~10 个/间	2 个/间
>5000m² 的大型超市或者卖场	收银区和管理区	1 个/100m²	1 个/100m²
2000~3000m² 的中小型卖场	收银区和管理区	1 个/30~50m²	1 个/30~50m²

（3）工作区信息点点数统计表

工作区信息点点数统计表简称点数表，是设计和统计信息点数量的基本工具和手段。点数统计表能够一次性准确和清楚地表示和统计出建筑物的信息点数量。点数统计表的格式见表 3-7。

表 3-7　建筑物网络和语音信息点点数统计表

房间或者区域编号												
楼层编号	01		03		05		07		09		数据点数合计	语音点数合计	信息点数合计
	数据	语音	数据	语音	数据	语音	数据	语音	数据	语音			
18 层	3		1		2		3		3		12		
		2		1		2		3		2		10	

（续）

楼层编号	房间或者区域编号										数据点数合计	语音点数合计	信息点数合计
	01		03		05		07		09				
	数据	语音	数据	语音	数据	语音	数据	语音	数据	语音			
17 层	2		2		3		2		3		12		
		2		2		2		2		2		10	
16 层	5		3		5		5		6		24		
		4		3		4		5		4		20	
15 层	2		2		3		2		3		12		
		2		2		2		2		2		10	
合计											60		
												50	110

3.2.3 工作区子系统的工程技术

1. 标准要求

《综合布线系统工程设计规范》GB 50311—2016 第 7 章安装工艺要求内容中，对工作区的安装工艺提出了具体要求。安装在地面上的接线盒应防水和抗压，安装在墙面或柱子上的信息插座底盒、多用户信息插座盒及集合点配线箱体的底部离地面的高度宜为 300mm。每个工作区宜配置不少于 2 个单相交流 220V/10A 电源插座盒，电源插座应选用带保护接地的单相电源插座，保护接地与零线应严格分开。

2. 信息点安装位置

1）教学楼、学生公寓、实验楼、住宅楼等不需要进行二次区域分割的工作区，信息点宜设计在非承重的隔墙上，宜在设备使用位置或者附近。

2）写字楼、商业、大厅等需要进行二次分割和装修的区域，宜在四周墙面设置，也可以在中间的立柱上设置，要考虑二次隔断和装修时扩展的方便性和美观性。

3）学生公寓等信息点密集的隔墙，宜在隔墙两面对称设置。

4）银行营业大厅的对公区、对私区和 ATM 自助区信息点的设置要考虑隐蔽性和安全性，特别是离行式 ATM 机的信息点插座不能暴露在客户区。

5）指纹考勤机、门警系统信息点插座的高度宜参考设备的安装高度设置。

3. 底盒安装

网络信息点插座底盒按照材料组成一般分为金属底盒和塑料底盒，按照安装方式一般分为暗装底盒和明装底盒，按照配套面板规格分为 86 系列和 120 系列。

一般墙面安装 86 系列面板时，配套的底盒有明装和暗装两种。

安装各种底盒时，一般按照下列步骤进行。

1）目视检查产品的外观合格。特别要检查底盒上的螺孔，如果其中有一个螺孔损坏，就坚决不能使用。

2）取掉底盒挡板。根据进出线方向和位置，取掉底盒预设孔中的挡板。

3）固定底盒。明装底盒按照设计要求用膨胀螺钉直接固定在墙面。

4）成品保护。暗装底盒一般在土建过程中进行，因此在底盒安装完毕后，必须进行成品保护，特别是安装螺孔，防止水泥砂浆灌入螺孔或者穿线管内。

4．模块安装

网络数据模块和电话语音模块的安装方法基本相同，一般安装顺序如下：准备材料和工具→清理和标记→剪掉多余线头→剥线→压线→压防尘盖。其分为暗装底盒和明装底盒，如图 3-22 所示。

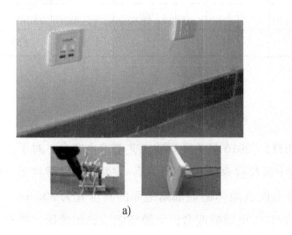
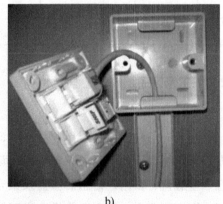

a)　　　　　　　　　　　　　　　　　　b)

图 3-22　暗装底盒和明装底盒

a）做好线标和压接好模块的土建暗装底盒　b）压接好模块的墙面明装底盒

5．面板安装

面板安装是信息插座最后一个工序，一般应该在端接模块后立即进行，以保护模块。安装时将模块卡接到面板接口中。如果双口面板上有网络和电话插口标记，则按照标记口位置安装。如果双口面板上没有标记，宜将网络模块安装在左边，电话模块安装在右边，并且在面板表面做好标记。具体步骤如下：

1）固定面板。将卡装好模块的面板用两个螺钉固定在底盒上，要求横平竖直，用力均匀，固定牢固。特别注意墙面安装的面板为塑料制品，不能用力太大，以面板不变形为原则。

2）面板标记。面板安装完毕，立即做好标记，将信息点编号粘贴或者卡装在面板上。

3）成品保护。在实际工程施工中，面板安装后，土建还需要修补面板周围的空洞，刷最后一次涂料，因此必须做好面板保护，防止污染。一般常用塑料薄膜保护面板。

3.2.4 设计案例

设计案例 1：超市信息点设计

一般在大型超市的综合布线设计中，主要信息点集中在收银区和管理区域，选购区域设置很少的信息点，如图 3-23 所示。

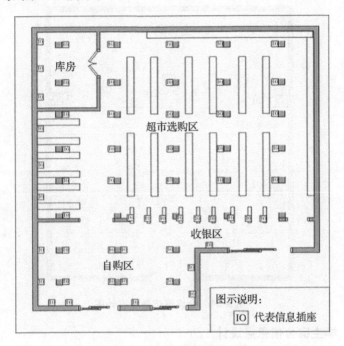

图 3-23 超市信息点设计图

设计案例 2：会议室信息点设计

一般设计会议室的信息点时，在会议室讲台处至少设计 1 个信息点，便于设备的连接和使用。在会议室墙面的四周也可以考虑设计一些信息点，如图 3-24 所示。

（1）确定工作区人员数量

销售部会议室为圆桌形布置，按照最多 12 人开会设计。

（2）业务需求分析

销售部会议室为销售部召开会议的场所。销售部需要管理全国各地的分公司、办事处以及代理商，经常需要召开网络会议和电话会议，同时也需要接待来访客户或者召开部门内部会议，经常使用笔记本式计算机、投影机等设备，这个会议室使用最频繁，需要在销售部会议室设置较多的信息点，满足与会人员的需要。

（3）确定信息点数量

该会议室最多为 12 人开会，根据对称原则，在销售部会议室设计 8 个双口信息插座，其中 14 个网络数据插口、2 个电话语音插口。

（4）确定安装位置

在两边墙面分别安装 2 个双口插座，全部安装 8 个 RJ-45 网络模块。会议桌下的地面安装 4 个双口插座，安装 6 个 RJ-45 网络模块和 2 个语音模块，与会计算机小于 6 台时，使用会议桌下面的地弹插座，与会计算机多于 6 台时，使用两边墙面的插座。

（5）确定工作区材料规格和数量

（6）弱电施工详图设计

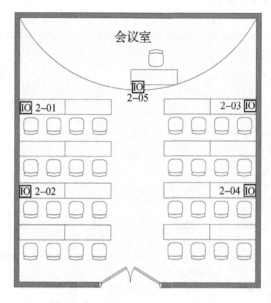

图 3-24　会议室信息点设计图

设计案例 3：学生宿舍信息点设计

根据学校对生员住宿的规划，房间家具的摆放，合理设计信息插座位置。一般高校学生宿舍床铺的下部为学习、生活区，安装有课桌和衣柜等，上面为床。这样就要根据床和课桌的位置安装信息插座，如图 3-25 所示。

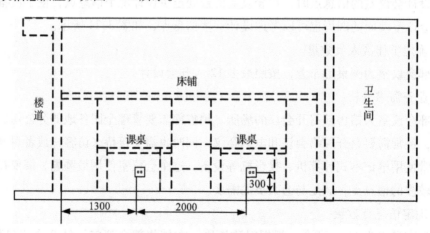

图 3-25　学生宿舍信息点设计图

设计案例 4：集中办公区信息点设计（以销售部办公室为例）

设计集中办公区信息点布局时，必须考虑空间的利用率和便于办公人员工作，进行合理的设计，信息插座根据工位的摆放设计安装在墙面和地面，布局如图3-26所示。

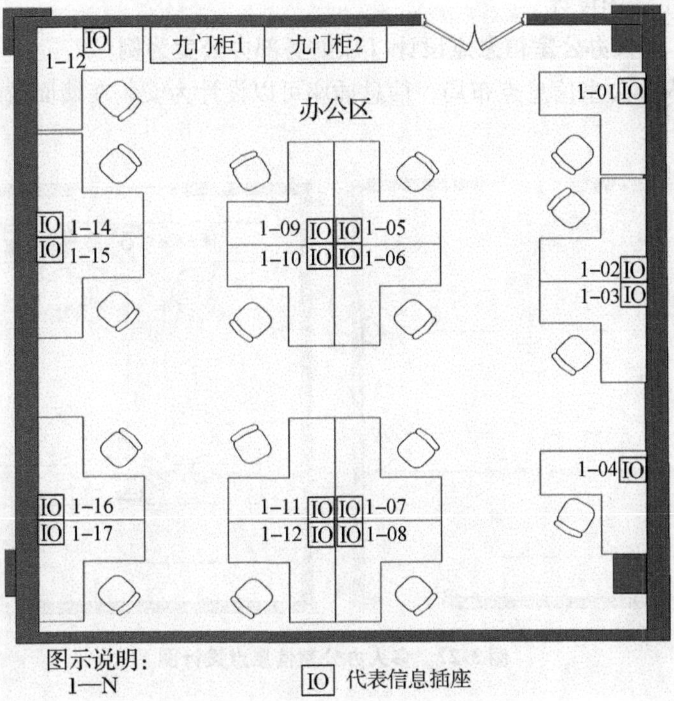

图示说明：
1—N   IO 代表信息插座

图3-26 集中办公区信息点设计图

（1）确定工作区人员数量

研发楼一层102房间销售部办公室共可容纳32人同时办公，因此按照集体办公室设计信息点。

（2）业务需求分析

销售部主要由遍布全国各地的办事处和代理商组成，同时与商务部进行配合完成整个销售流程。结合企业网络应用图可知，销售管理系统由商务系统、销售系统和市场推广3部分组成，主要工作有产品销售、合同签订、方案制作等，对数据和语音有很大需求。因此，销售部的数据信息点和语音信息点设计尤为重要。

（3）确定信息点数量

根据每个工位配置1个数据点和1个语音点的基本要求，销售部办公室有32个工位，设计32个双口信息插座，每个插座安装1个RJ-45数据口、1个RJ-11语音口。同时在两侧墙面分别多设计1个插座，用于传真机或预留插座。因此，销售部办公室共有68个信息点，其中数据信息点34个，语音信息点34个。

（4）确定安装位置

销售部办公室共设32个工位，其中14个工位靠墙放置，18个工位没有靠墙放置。对于靠墙的工位，在办公桌旁边的墙面设计1个双口插座，距离地面0.3m，用网络跳线与计算机连接，用语音跳线与电话机连接。对于没有靠墙的工位，设计为地弹插座，安装在对应办公桌下的地面。多设计的两个插座分别安装在左右两侧墙面靠近门口的一端。

（5）确定工作区材料规格和数量

（6）弱电施工详图设计

设计案例 5：多人办公室信息点设计（以财务部办公室为例）

设计独立多人办公室信息点布局，信息插座可以设计为安装在墙面或地面两种，布局如图 3-27 所示。

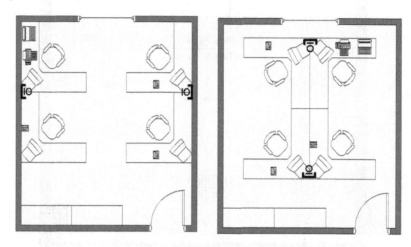

图 3-27　多人办公室信息点设计图

（1）确定工作区人员数量

财务部有 4 人办公，一般两名会计、两名出纳，因此按照多人办公室设计信息点。

（2）分析业务需求

财务部主要有财务管理和成本管理两大业务，公司的财务管理系统主要有会计核算、应收账款、应付账款等。现在一般公司都使用网络版财务管理系统软件，财务收支也经常使用网络银行，因此财务部对数据和语音需求非常大。鉴于安全和保密需要，财务部办公室的布局与其他部门不同，往往要在门口设置 1 个柜台，把外来人员与财务人员隔离，隔台进行业务作业，同时财务部也是公司关键部门，在设计信息点时要特别注意。

（3）确定信息点数量

每个工位满足配置 1 个数据点和 1 个语音点的基本要求，财务部 4 个工位，设计 4 个双口信息插座，每个插座安装 1 个 RJ-45 数据口、1 个 RJ-11 语音口。

（4）确定安装位置

211 室财务部两个出纳工位靠近门口，并且组成一个柜台，两个会计工位靠里边墙面布置。因此把两个出纳工位的信息插座设计在右边墙面，设计两个双口信息插座，距离门口墙面 3.0m，用网络跳线与计算机连接，用语音跳线与电话机连接。把两个会计工位的信息插座设计在里边墙面，设计两个双口信息插座，距离左边隔墙分别为 1.5m 和 3.0m，全部信息插座距离地面高度 0.30m。

（5）确定工作区材料规格和数量

（6）弱电施工详图设计

设计案例 6：单人办公室信息点设计（以销售部经理办公室为例）

设计独立单人办公室信息点布局，单人办公时信息插座可以设计为安装在墙面或地面两种，布局如图 3-28 所示。

 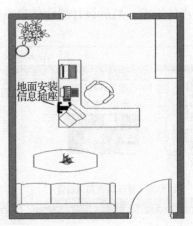

图 3-28　单人办公室信息点设计图

（1）确定工作区人员数量

销售部经理室为 1 人使用，因此按照单人办公室设计信息点。

（2）分析业务需求

销售部经理向上对副总经理负责，管理公司遍布全国各地的办事处和代理商。公司的销售管理系统主要有商务系统、销售系统和市场推广系统等。销售部经理不仅业务量大，管理范围覆盖全国，数据和语音需求非常大，而且这些需求也很频繁和持续，需要经常召开网络会议和电话会议，同时销售部经理也是公司关键岗位，在设计信息点时要特别注意。

（3）确定信息点数量

经理室应分配 2 个数据信息点和 2 个语音信息点，因此为销售部经理室设计两个双口信息插座，每个插座安装 1 个 RJ-45 数据口、1 个 RJ-11 语音口。

（4）确定安装位置

销售部经理室办公桌靠墙摆放，因此把 1 个双口信息插座设计在办公桌旁边的墙面，距离窗户墙面 3m，距离地面高度 0.3m，用网络跳线与计算机连接，用语音跳线与电话机连接。另 1 个双口信息插座设计在沙发旁边的墙面，距离门口墙面 1m，方便在办公室召开小型会议时就近使用计算机，也可以坐在沙发上召开电话会议。

（5）确定工作区材料规格和数量

（6）弱电施工详图设计

一般建筑设计院提供的建筑物设计图样中，对于信息点没有详细的具体位置和尺寸标注，需要业主根据使用功能进行二次施工详图设计，业主单位一般委托专门的网络公司进行施工设计。设计时一般使用 AutoCAD 进行设计，网络公司往往也用 Visio 进行设计。

设计案例 7：展室信息点设计

（1）确定工作区人员数量

产品展室只陈列展品，室内不设专门工作人员。

（2）业务需求分析

产品展室内一般陈列公司主流或者热销产品，也是公司的亮点，经常安排用户参观，需要考虑设备对信息点的需求。图 3-29 所示为展室设备布局图，首先仔细分析这些设备的功能和对信息点的需求，然后设计展示信息点的规格和位置。

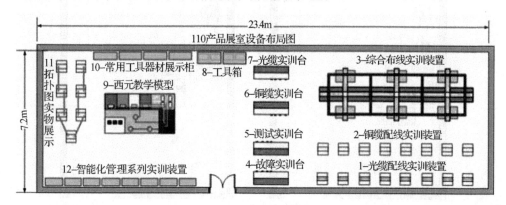

图 3-29　展室信息点设计图

3.2.5　巩固实训

实训：网络插座的设计和安装

实训步骤如下：

1）设计工作区子系统，如图 3-30 所示。3～4 人组成一个项目组，每人设计一种工作区子系统，并绘制施工图，集体讨论后由项目负责人指定一种设计方案进行实训。

2）列出材料清单并领取材料。按照设计图，完成材料清单并领取材料。

3）列出工具清单并领取工具。根据实训需要，完成工具清单并领取工具。

视频操作 3-1

图 3-30　工作区子系统设计

4）安装底盒。首先，检查底盒的外观是否合格；然后，根据进出线方向和位置，取掉底盒预设孔中的挡板；最后，按设计图位置用 M6 螺钉把底盒固定在装置上，如图 3-31 所示。

5）穿线。如图 3-32 所示，底盒安装好后，将网络双绞线从底盒根据设计的布线路径布放到网络机柜内。

6）端接模块和安装面板，如图 3-33、图 3-34 所示。

7）标记。如果双口面板上有网络和电话插口标记，则按照标记口位置安装。如果双口面板上没有标记，宜将网络模块安装在左边，电话模块安装在右边，并且在面板表面做好标记。

8）完成实训内容后，填写实训报告 1，并交由教师审核。（详见附录）

图 3-31 安装底盒　　图 3-32 穿线　　图 3-33 端接模块和安装面板　　图 3-34 网络插座的安装

3.3 配线子系统设计实践

3.3.1 配线子系统概述

1. 配线子系统基本概念

配线子系统是综合布线结构的一部分。配线子系统指从工作区信息插座至楼层管理间的部分，在《综合布线系统工程设计规范》GB 50311—2016 中被称为配线子系统，以往资料中也称水平干线子系统。配线子系统一般在同一个楼层上，是从工作区的信息插座开始到管理间子系统的配线架。

2. 布线方法

配线子系统的布线方法分为以下 3 种。

1）暗埋管布线方式。

2）桥架布线方式。

3）地面敷设布线方式。

3.3.2 配线子系统的设计

1. 设计原则

1）性价比最高原则。

2）预埋管原则。

3）避让强电原则。

4）地面无障碍原则。

5）水平缆线最长原则。

6）水平缆线最短原则。

2. 设计步骤和方法

配线子系统的设计步骤一般为：首先进行需求分析，与用户进行充分的技术交流，了解建筑物用途，然后认真阅读建筑物设计图，确定工作区子系统信息点位置和数量，完成点数表；其次进行初步规划和设计，确定每个信息点的水平布线路径，最后确定布线材料规格和数量，列出材料规格和数量统计表。

一般工作流程如下：需求分析→技术交流→阅读建筑物图→规划和设计→完成材料规格和数量统计表。

（1）开放型办公室布线系统长度的计算

开放型办公室布线系统长度的计算公式为

$$C = \frac{102 - H}{1.2}$$

$$W = C - 5$$

式中 C——工作区电缆、电信间跳线和设备电缆的长度之和，$C = W + D$；

D——电信间跳线和设备电缆的总长度；

W——工作区电缆的最大长度，且 $W \leq 22\text{m}$；

H——水平电缆的长度。

（2）配线子系统缆线的布线距离规定

按照《综合布线系统工程设计规范》GB 50311—2016 的规定，水平子系统属于配线子系统，对于缆线的长度做了统一规定，配线子系统各缆线长度应符合图 3-35 所示的划分并应符合下列要求。

1）配线子系统信道的最大长度不应大于 100m。

2）信道总长度不应大于 2000m。

3）建筑物或建筑群配线设备之间（FD 与 BD、FD 与 CD、BD 与 BD、BD 与 CD 之间）组成的信道出现 4 个连接器件时，主干缆线的长度不应小于 15m。

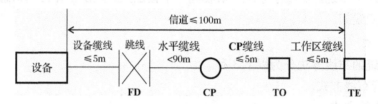

图 3-35　配线子系统缆线划分图

（3）布线弯曲半径要求

布线中如果不能满足最小弯曲半径要求，双绞线电缆的缠绕节距会发生变化。严重时，电缆可能会损坏，直接影响电缆的传输性能。

缆线的弯曲半径应符合下列规定。

1）非屏蔽 4 对对绞电缆的弯曲半径应至少为电缆外径的 4 倍。

2）屏蔽 4 对对绞电缆的弯曲半径应至少为电缆外径的 8 倍。

3）主干对绞电缆的弯曲半径应至少为电缆外径的 10 倍。

4）2 芯或 4 芯水平光缆的弯曲半径应大于 25mm。

5）光缆容许的最小曲率半径在施工时应当不小于光缆外径的 20 倍，施工完毕应当不小于光缆外径的 15 倍，见表 3-8。

表 3-8　线管规格型号与容纳的双绞线最多条数表

线缆类型	弯曲半径
4 对非屏蔽电缆	不小于电缆外径的 4 倍
4 对屏蔽电缆	不小于电缆外径的 8 倍
大对数主干电缆	不小于电缆外径的 10 倍
2 芯或 4 芯室内光缆	>25mm
其他芯数和主干室内光缆	不小于光缆外径的 10 倍
室外光缆、电缆	不小于缆线外径的 20 倍

（4）管道缆线的布放根数

缆线布放在管与线槽内的管径与截面利用率，应根据不同类型的缆线做不同的选择。管内穿放大对数电缆或 4 芯以上光缆时，直线管路的管径利用率应为 50% ~ 60%，弯管路的管径利用率应为 40% ~ 50%。管内穿放 4 对对绞电缆或 4 芯光缆时，截面利用率应为 25% ~ 35%。布放缆线在线槽内的截面利用率应为 30% ~ 50%，见表 3-9、表 3-10。

表 3-9　线槽规格型号与容纳双绞线最多条数表

线槽/桥架类型	线槽/桥架规格/mm	容纳双绞线最多条数/条	截面利用率
PVC	20 × 10	2	30%
PVC	25 × 12.5	4	30%
PVC	30 × 16	7	30%
PVC	39 × 18	12	30%
金属、PVC	50 × 25	18	30%
金属、PVC	60 × 22	23	30%
金属、PVC	75 × 50	40	30%
金属、PVC	80 × 50	50	30%
金属、PVC	100 × 50	60	30%
金属、PVC	100 × 80	80	30%
金属、PVC	150 × 75	100	30%
金属、PVC	200 × 100	150	30%

表 3-10　线管规格型号与容纳双绞线最多条数表

线管类型	线管规格/mm	容纳双绞线最多条数/条	截面利用率
金属、PVC	16	2	30%
PVC	20	3	30%
金属、PVC	25	5	30%
金属、PVC	32	7	30%
PVC	40	11	30%
金属、PVC	50	15	30%
金属、PVC	63	23	30%
PVC	80	30	30%
PVC	100	40	30%

（5）网络缆线与电力电缆的间距

在配线子系统中，经常出现综合布线电缆与电力电缆平行布线的情况，为了减少电力电缆电磁场对网络系统的影响，综合布线电缆与电力电缆接近布线时，必须保持一定的距离。《综合布线系统工程设计规范》GB 50311—2016 规定的间距应符合表 3-11 的规定。

表 3-11　综合布线电缆与电力电缆的间距

类别	与综合布线接近状况	最小间距/mm
380V 以下电力电缆 <2kV·A	与缆线平行敷设	130
	有一方在接地的金属线槽或钢管中	70
	双方都在接地的金属线槽或钢管中	100
380V 电力电缆 2~5kV·A	与缆线平行敷设	300
	有一方在接地的金属线槽或钢管中	150
	双方都在接地的金属线槽或钢管中	80
380V 电力电缆 >5kV·A	与缆线平行敷设	600
	有一方在接地的金属线槽或钢管中	300
	双方都在接地的金属线槽或钢管中	150

3.3.3　配线子系统的工程技术

1. 配线子系统明装线槽布线的施工

配线子系统明装线槽布线施工一般从安装信息点插座底盒开始，程序如下：安装底盒→钉线槽→布线→装线槽盖板→压接模块→标记。

如图 3-36 所示，图中以宽度为 20mm 的 PVC 线槽为例说明，单根直径为 6mm 的双绞线缆线在线槽中最大弯曲情况下的布线最大曲率半径值为 45mm（直径 90mm），布线弯曲半径与双绞线外径的最大倍数为 45/6 = 7.5 倍。

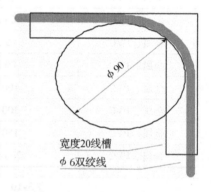

图 3-36　宽度 20mm 的 PVC 线槽

2. 配线子系统暗埋缆线施工程序

配线子系统暗埋缆线施工程序：土建埋管→穿钢丝→安装底盒→穿线→标记→压接模块→标记，如图 3-37 所示。

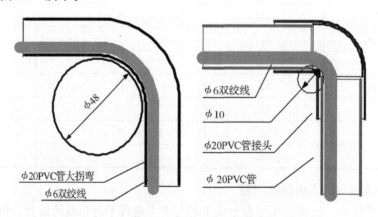

图 3-37　20mm PVC 管

3. 配线子系统桥架布线施工

配线子系统桥架布线施工一般用在楼道或者吊顶上，程序如下：画线确定位置→装支架

（吊竿）→装桥架→布线→装桥架盖板→压接模块→标记。根据各个房间信息点出线管口及楼道高度，确定楼道线槽或桥架安装高度并且画线。安装方式如图 3-38 所示。

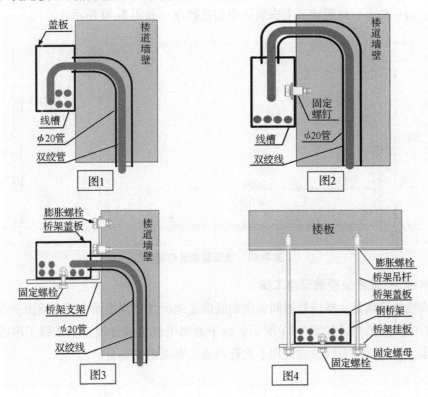

图 3-38　桥架布线施工

4．配线子系统的设计案例

设计案例 1：直接埋管布线到管理间方式

距离一层管理间比较近的展室、接待台、大厅右边和门口的信息点直接布线到一层管理间。一般选择使用 $\phi20$mm 管，每根管子穿 4 根网线，先将 4 根网线敷设到第一个信息插座出线，然后将另外 2 根网线用 $\phi16$mm 管敷设到第二个信息插座出线，如图 3-39 所示。

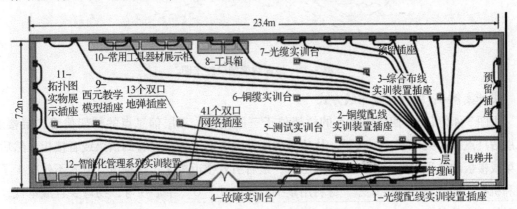

图 3-39　展室信息点布线路由平面图

设计案例 2：地面暗埋管布线方式

在设计配线子系统的埋管图时，一定要根据设计信息点的数量来确定埋管规格。每个房间安装 2 个信息插座，每侧墙面上安装 2 个信息插座，如图 3-40 所示。

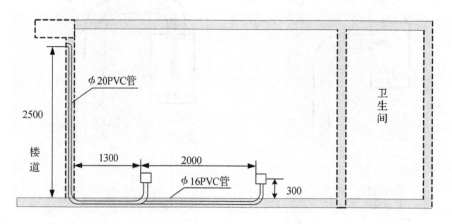

图 3-40　地面暗埋管布线图

设计案例 3：地面线槽铺设施工图

地面线槽铺设就是从楼层管理间引出的线缆走地面线槽到地面出线盒或由分线盒引出的支管到墙上的信息出口，如图 3-41 所示。由于地面出线盒或分线盒不依赖于墙或柱体直接走地面垫层，因此这种布线方式适用于大开间或需要隔断的场合。

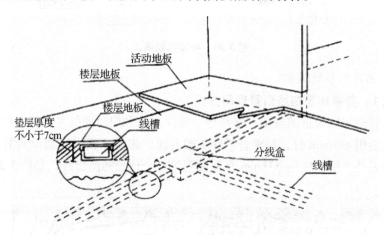

图 3-41　地面线槽铺设施工图

设计案例 4：楼板埋管布线方式

由图 3-42 可知，四层信息点的桥架位于三层楼道，三层信息点的桥架位于二层楼道，二层信息点的桥架位于一层楼道。从信息插座处隔墙向下垂直埋管到横梁或者楼板，然后在横梁或楼板内水平埋管到下一层楼道出口，最后引入楼道桥架。这种设计方式不仅减少了桥架和机柜，而且布线路由最短，材料用量少，减少了"U"字形拐弯，拐弯少且成本低，穿线时拉力也比较小。

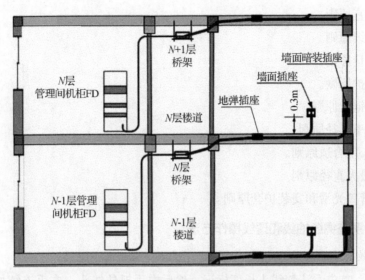

图 3-42 跨层埋管布线路由立面示意图

设计案例 5：楼道桥架布线图

主要应用于楼间距离较短且要求采用架空的方式布放干线线缆的场合，如图 3-43 所示。

设计案例 6：吊顶上架空线槽布线施工图

吊顶上架空线槽布线是由楼层管理间引出来的线缆先走吊顶内的线槽，到各房间后，经分支线槽从槽梁式电缆管道分叉后将电缆穿过一段支管引向墙壁，沿墙而下到房内信息插座的布线方式，如图 3-44 所示。

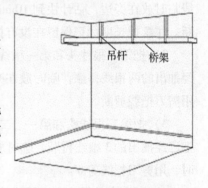

图 3-43 楼道桥架布线示意图

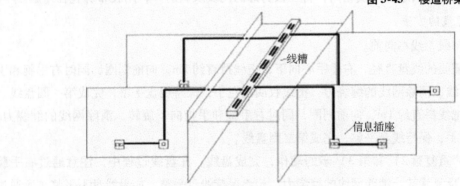

图 3-44 吊顶上架空线槽布线施工图

3.3.4 安装施工原则

1）拉力均匀原则。

2）平行布管原则。

3）规避强电原则。

4）横平竖直原则。

5）线管连续原则。

6）穿线数量原则。

7）管口保护原则。

8）穿牵引钢丝原则。

9）保证曲率半径原则。

10）预留长度合适原则。

11）埋管最大直径原则。

12）保证管口光滑和安装护套原则。

3.3.5　配线子系统铜缆抽线和理线操作方法

1. 铜缆抽线的方法

1）抽线前，首先看清楚线头长度标记，然后左手抓住线头，右手连续抽线，把抽出的线临时放在旁边，估计快到 10m 时，检查长度标记，最后确认抽到 10m 时，用剪刀把线剪断。注意把长度标记保留在没有抽出的线端。

2）把第二根线头和第一根线头并在一起，用左手抓住线头，右手连续抽线，同时把已经抽出的两根线捋顺，临时放在旁边，估计快到 10m 时，检查长度标记，确认抽到 10m 时，用剪刀把线剪断。

3）把第三根线头和第一、二根线头并在一起，用左手抓住线头，右手连续抽线，同时把已经抽出的 3 根线捋顺，临时放在旁边，估计快到 10m 时，检查长度标记，确认抽到 10m 时，用剪刀把线剪断。

4）把多余的线头塞回网线箱内，将三根剪好的网线线头对齐，用胶布绑扎在一起。

2. 铜缆理线的方法

1）左手持线，线端向前。

2）根据需要的线盘直径，右手手心向下，把线捋直约 1m，向前划圈，同时右手腕和手指向上旋转网线，消除网线的缠绕力，把线收回到左手，保持线盘平整，完成第一圈盘线。

3）右手把线捋直约 1m，向前划圈，同时右手腕和手指向下旋转，消除网线的缠绕力，把线收回到左手，保持线盘平整，完成第二圈盘线。

4）按顺序重复第 2）和第 3）步的动作，完成盘线。在盘线过程中，注意通过右手腕和手指的上下反复旋转，消除网线的缠绕力，始终保持线盘平整。如果线盘不平整，应通过右手腕和手指的旋转角度调整，始终保持线盘平整。

3.3.6　巩固实训

实训 1：PVC 线管的布线工程技术

实训步骤如下：

视频操作 3-2

1）使用 PVC 线管设计一种从信息点到楼层机柜的配线子系统，并绘制施工图，如

图 3-45 所示。

2）按照设计图，核算实训材料规格和数量，掌握工程材料核算方法，列出材料清单。

3）按照设计图需要，列出实训工具清单，领取实训材料和工具。

4）首先在需要的位置安装管卡。

5）明装布线实训时，边布管边穿线，如图 3-46 所示。暗装布线时，先把全部管和接头安装到位，并且固定好，然后从一端向另外一端穿线。

6）布管和穿线后，必须做好线标。

7）完成实训内容后，填写完成实训报告 2，并交由教师审核。（详见附录）

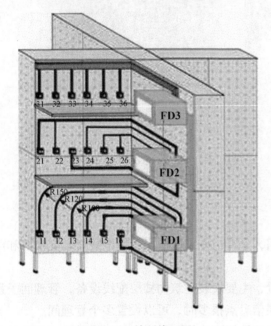

图 3-45　绘制施工图

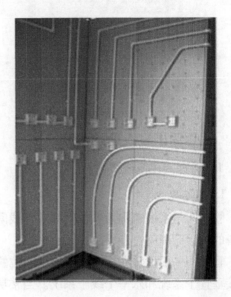

图 3-46　PVC 线管布线

视频操作 3-3

实训 2：PVC 线槽的布线工程技术

实训步骤如下：

1）使用 PVC 线槽设计一种从信息点到楼层机柜的配线子系统，并绘制施工图，如图 3-47 所示。

2）按照设计图，核算实训材料规格和数量，掌握工程材料核算方法，列出材料清单。

3）按照设计图需要，列出实训工具清单，领取实训材料和工具。

4）首先量好线槽的长度，再使用电动螺钉旋具在线槽上开 8mm 孔。

5）用 M6 × 16 螺钉把线槽固定在实训装置上。

6）在线槽中布线，边布线边装盖板，如图 3-48 所示。

7）布线和盖板后，必须做好线标。

8）完成实训内容后，填写完成实训报告 3，并交由教师审核。（详见附录）

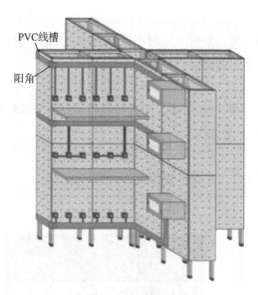

PVC线槽

阳角

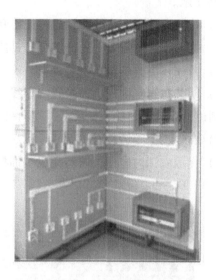

图 3-47　绘制施工图　　　　　　图 3-48　PVC 线槽布线

3.4　管理间子系统设计实践

3.4.1　管理间子系统概述

1. 基本概念

管理间子系统也称为电信间或者配线间，是专门安装楼层机柜、配线架、交换机和配线设备的楼层管理间。

管理间一般设置在每个楼层的中间位置，主要安装建筑物楼层配线设备，管理间子系统连接垂直子系统和水平干线子系统。当楼层信息点很多时，可以设置多个管理间。

在综合布线系统中，管理间子系统包括了楼层配线间、二级交接间的缆线、配线架及相关接插跳线等，如图 3-49 所示。通过综合布线系统的管理间子系统，可以直接管理整个应用系统终端设备，从而实现综合布线的灵活性、开放性和扩展性。

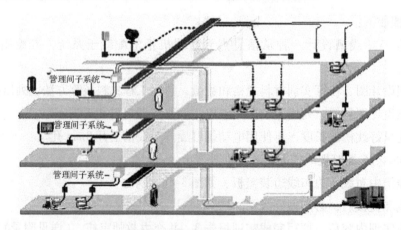

图 3-49　管理间子系统示意图

2. 管理间子系统的划分原则

管理间（电信间）主要为楼层安装配线设备（机柜、机架、机箱等）和楼层计算机网络设备（HUB 或 SW）的场地，并可考虑在该场地设置缆线竖井等电位接地体、电源插座、UPS 配电箱等设施。管理间子系统设置在楼层配线间，是水平系统电缆端接的场所，也是主干系统电缆端接的场所。它由大楼主配线架、楼层分配线架、跳线、转换插座等组成。用户可以在管理间子系统中更改、增加、交接、扩展缆线，从而改变缆线路由。

管理间子系统中以配线架为主要设备，配线设备可直接安装在 19in 机架或者机柜上。

管理间房间面积的大小一般根据信息点多少安排和确定，如果信息点多，就应该考虑用一个单独的房间来放置，如果信息点很少，也可采取在墙面安装机柜的方式。

3.4.2　管理间子系统的设计步骤

1. 需求分析

管理间的位置直接决定配线子系统的缆线长度，也直接决定工程总造价。为了降低工程造价，降低施工难度，也可以在同一个楼层设立多个分管理间。

2. 技术交流

通过技术交流要充分和广泛地了解用户的需求，特别是未来的扩展需求。在交流中重点了解管理间子系统附近的电源插座、电力电缆、电气设备等情况。

3. 阅读建筑物图纸和管理间编号

在阅读图纸时，进行记录标记，避免强电或者电气设备对网络综合布线系统的影响。

另外，管理间子系统是综合布线系统的线路管理区域，该区域往往安装了大量的线缆、管理器件及跳线，为了方便以后线路的管理工作，管理间子系统的线缆、管理器件及跳线都必须做好标记，以标明位置、用途等信息。完整的标记应包含建筑物名称、位置、区号、起始点和功能。

4. 确定设计要求

（1）防雷电措施

管理间的机柜应该可靠接地，以防止雷电及静电损坏。

（2）理线原则

管理间缆线必须全部端接在配线架中，在端接前必须先整理全部缆线，预留合适长度，通过理线环，然后端接到配线架。不允许出现大量多余缆线缠绕和绞结在一起的情况。

（3）标识管理原则

由于管理间缆线和跳线很多，必须对每根缆线进行编号和标识，在工程项目实施中还需要将编号和标识规定张贴在该管理间内，方便施工和维护。

（4）配线架数量的确定原则

配线架端口数量应该大于信息点数量，在工程中，一般使用 24 口或者 48 口配线架。

（5）配置不间断电源原则

管理间安装有交换机等有源设备，因此应该配置不间断电源或稳压电源。

（6）管理间门要求

管理间应采用外开丙级防火门，门宽大于 0.7m。

（7）管理间的面积

《综合布线系统工程设计规范》GB 50311—2016 中规定，管理间的使用面积不应小于 5m^2，楼层的管理间基本都设计在建筑物竖井内，面积在 3m^2 左右。在一般小型网络工程中管理间也可能只是一个网络机柜。

管理间安装落地式机柜时，机柜前面的净空不应小于 800mm，后面的净空不应小于 600mm，以方便施工和维修。安装壁挂式机柜时，一般在楼道安装高度不小于 1.8m。

（8）管理间环境要求

管理间内温度应为 10～35℃，相对湿度宜为 20%～80%。一般应该考虑网络交换机等设备发热对管理间温度的影响，在夏季必须保持管理间温度不超过 35℃。

（9）管理间的电源要求

管理间应提供不少于两个 220V 带保护接地的单相电源插座。

管理间如果安装电信管理或其他信息网络管理时，管理供电应符合相应的设计要求。如果是新建建筑，一般要求在土建施工过程中按照弱电施工图上标注的位置安装到位。

（10）管理间数量的确定

每个楼层一般宜至少设置 1 个管理间（电信间）。特殊情况下，如果每层信息点数量较少，且水平缆线长度不大于 90m 的情况下，宜几个楼层合设一个管理间。

如果该层信息点数量不大于 400 个，水平缆线长度在 90m 范围以内，宜设置一个管理间，当超出这个范围时宜设两个或多个管理间。

5. 管理间的设备安装

（1）机柜安装要求

《综合布线系统工程设计规范》GB 50311—2016 第 7 章安装工艺要求内容中，对机柜的安装有如下要求：一般情况下，综合布线系统的配线设备和计算机网络设备采用 19in 标准机柜安装。机柜尺寸通常为 600mm（宽）×900mm（深）×2000mm（高），共有 42U 的安装空间。机柜内可安装光纤连接盘、RJ-45（24 口）配线模块、多线对卡接模块（100 对）、理线架、计算机 HUB/SW 设备等。

（2）通信跳线架的安装

通信跳线架主要用于语音配线系统，一般采用 110 跳线架，主要是上级程控交换机过来的接线与到桌面终端的语音信息点连接线之间的连接和跳接部分，便于管理、维护、测试。其安装步骤如下：

1）取出 110 跳线架和附带的螺钉。

2）利用十字螺钉旋具把 110 跳线架用螺钉直接固定在网络机柜的立柱上。

3）理线。

4）按打线标准把每个线芯按照顺序压在跳线架下层的模块端接口中。

5）把 5 对连接模块用力垂直压接在 110 跳线架上，完成下层端接。

（3）交换机的安装

安装交换机前首先检查产品外包装是否完整，并开箱检查产品，收集和保存配套资料，一般包括交换机、2 个支架、4 个橡皮脚垫和 4 个螺钉、1 根电源线、1 根管理电缆；然后准备安装交换机。安装步骤一般如下。

1）从包装箱内取出交换机设备。

2）给交换机安装两个支架，安装时要注意支架方向。

3）将交换机放到机柜中提前设计好的位置，用螺钉固定到机柜立柱上，一般交换机上下要留一些空间，用于空气流通和设备散热。

4）将交换机外壳接地，将电源线拿出来插在交换机后面的电源接口上。

5）完成上面操作后就可以打开交换机电源了，在开启状态下查看交换机是否出现抖动现象。如果出现，应检查脚垫高低或机柜上固定螺钉的松紧情况。

注意：拧这些螺钉的时候不要过紧，否则会让交换机倾斜，也不能过松，这样交换机在运行时不会稳定，工作状态下设备会抖动。

（4）网络配线架的安装

网络配线架的安装要求如下：

1）在机柜内部安装配线架前，首先要进行设备位置规划或按照图纸规定确定位置，统一考虑机柜内部的跳线架、配线架、理线环、交换机等设备。

2）缆线采用地面出线方式时，一般缆线从机柜底部穿入机柜内部，配线架宜安装在机柜下部。

3）配线架应该安装在左右对应的孔中，水平误差不大于 2mm，更不允许左右孔错位安装。

（5）理线环的安装

理线环的安装步骤如下：

1）取出理线环和所带的配件——螺钉包。

2）将理线环安装在网络机柜的立柱上。

注意：在机柜内，设备之间的安装距离至少留 1U 的空间，便于设备的散热。

3.4.3　管理间子系统连接器件

1．铜缆连接器件

各个厂家生产的 110 系列配线架产品基本相似，有些厂家还根据应用特点不同将其细分为不同类型的产品。例如，AVAYA 公司将 110 系列配线架分为两大类，即 110A 和 110P，如图 3-50 和图 3-51 所示。

　　110A 配线架采用夹跳接线连接方式，可以垂直叠放，便于扩展，比较适合于线路调整较少、线路管理规模较大的综合布线场合；110P 配线架采用接插软线连接方式，管理比较简单但不能垂直叠放，较适合于线路管理规模较小的场合。

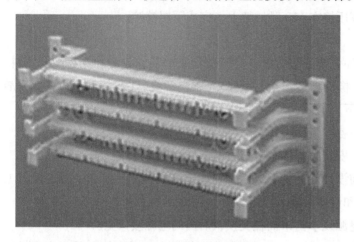

图 3-50　AVAYA 110A 配线架

图 3-51　AVAYA 110P 配线架

110A 配线架由以下配件组成。

1）100/300 对接线块。

2）3/4/5 对 110C 连接块，如图 3-52 所示。

3）底板、理线环、标签条。

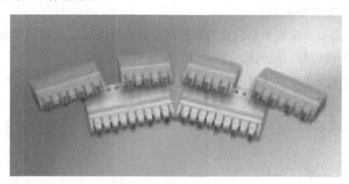

图 3-52　3/4/5 对 110C 连接块

110P 配线架由以下配件组成（见图 3-53）。

1）安装于面板上的 100 对 110D 型接线块。

2）3/4/5 对连接块。

3）188C2 和 188D2 垂直底板。

4）188E2 水平跨接线过线槽。

5）管道组件、接插软线、标签条。

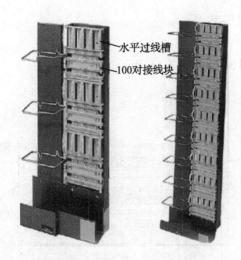

图 3-53　AVAYA 110P 配线架

2. RJ-45 模块化配线架

RJ-45 模块化配线架主要用于网络综合布线系统，配线架前端面板为 RJ-45 接口，配线架后端为 BIX 或 110 连接器，可以端接配线子系统线缆或干线线缆。

配线架一般宽度为 19in，高度为 1U～4U，主要安装于 19in 机柜。模块化配线架的规格一般由配线架根据传输性能、前端面板接口数量以及配线架高度决定，如图 3-54、图 3-55 所示。

图 3-54　24 口模块化配线架前端

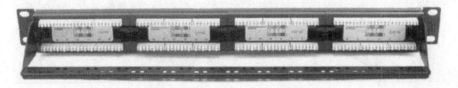

图 3-55　24 口模块化配线架后端

配线架前端面板可以安装相应标签以区分各个端口的用途，方便以后的线路管理，配线架后端的 BIX 或 110 连接器都有清晰的色标，方便线对按色标顺序端接。

3. BIX 交叉连接系统

BIX 安装架可以水平或垂直叠加，可以很容易地根据布线现场要求进行扩展，适合于各种规模的综合布线系统。BIX 交叉连接系统既可以安装在墙面上，也可以使用专用套件固定在 19in 的机柜上。

BIX 交叉连接系统如图 3-56 所示，主要由以下配件组成。

1）50/250/300 对的 BIX 安装架，如图 3-57 所示。

2）25 对 BIX 连接器，如图 3-58 所示。

3）布线管理环，如图 3-59 所示。

4）标签条。

5）BIX 跳插线，如图 3-60 和图 3-61 所示。

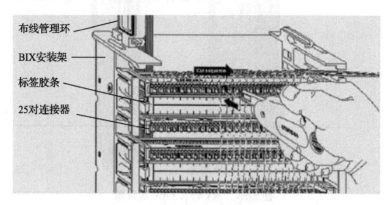

布线管理环
BIX安装架
标签胶条
25对连接器

图 3-56　BIX 交叉连接系统

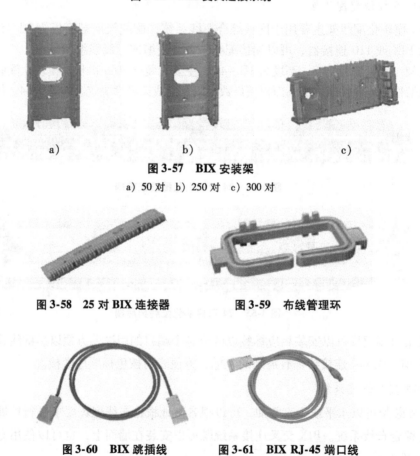

a)　　　　　　　　　b)　　　　　　　　　c)

图 3-57　BIX 安装架

a) 50 对　b) 250 对　c) 300 对

图 3-58　25 对 BIX 连接器　　　　图 3-59　布线管理环

图 3-60　BIX 跳插线　　　　图 3-61　BIX RJ-45 端口线

4. 光纤管理器件

光纤管理器件分为光纤配线架和光纤接线箱两类。光纤配线架适合于规模较小的光纤互连场合，如图 3-62 所示。而光纤接线箱适合于光纤互连较密集的场合，如图 3-63 所示。

图3-62 光纤配线架   图3-63 光纤接线箱

光纤耦合器的作用是将两个光纤接头对准并固定，以实现两个光纤接头端面的连接。常见的光纤接头有两类：ST型和SC型，如图3-64和图3-65所示。光纤耦合器也分为ST型和SC型，除此之外还有FC型，如图3-66～图3-68所示。

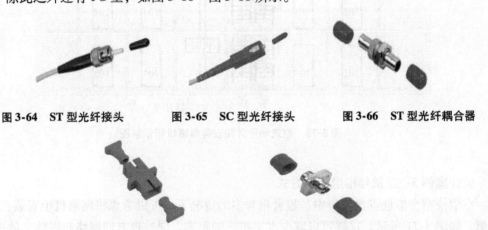

图3-64 ST型光纤接头   图3-65 SC型光纤接头   图3-66 ST型光纤耦合器

3-67 SC型光纤耦合器   图3-68 FC型光纤耦合器

3.4.4 管理间子系统的设计案例

设计案例1：建筑物楼道半嵌墙安装方式

在特殊情况下，需要将管理间机柜半嵌墙安装，机柜露在外的部分主要是便于设备的散热。这样的机柜需要单独设计、制作，具体安装如图3-69所示。

设计案例2：建筑物竖井内安装方式

近年来，随着网络的发展和普及，在新建的建筑物中每层都考虑到管理间，并给网络等留有弱电竖井，便于安装网络机柜等管理设备。如图3-70所示，在竖井管理间中安装网络机柜，这样方便设备的统一维修和管理。

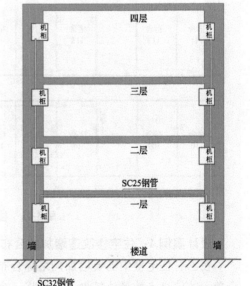

图3-69 半嵌墙安装网络机柜示意图

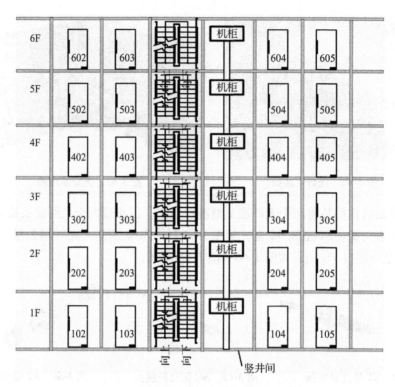

图 3-70　建筑物竖井间安装网络机柜示意图

设计案例 3：建筑物楼道明装方式

在学校宿舍信息点比较集中、数量相对多的情况下，可以考虑将网络机柜安装在楼道的两侧，如图 3-71 所示。这样可以减少水平布线的距离，同时也方便网络布线施工的进行。

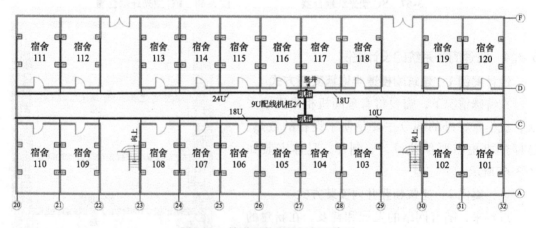

图 3-71　楼道明装网络机柜示意图

设计案例 4：住宅楼改造增加综合布线系统

在已有住宅楼中需要增加网络综合布线系统时，一般每个住户考虑 1 个信息点，这样每个单元的信息点数量比较少，一般将一个单元作为一个管理间，往往把网络管理间机柜设计安装在该单元的中间楼层，如图 3-72 所示。

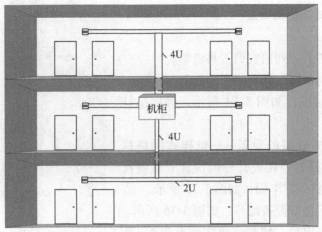

图 3-72　旧住宅楼安装网络机柜示意图

设计案例 5：跨层管理间安装

图 3-73 所示为某科研楼跨层管理间安装位置示意图。该科研楼配线子系统采用跨层布线方式，二层信息点的桥架位于大楼一层，三层信息点的桥架位于大楼二层，四层信息点的桥架位于大楼三层，四层没有管理间。从图中可以看到，一二层管理间位于大楼一层，其中一层的缆线从地面进入竖井，二层的缆线从桥架进入大楼一层竖井内，然后接入一层的管理间配线机柜。三层缆线从桥架进入二层的管理间，四层缆线从桥架进入三层的管理间。

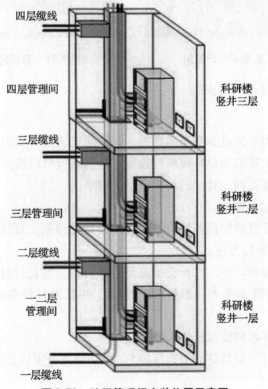

图 3-73　跨层管理间安装位置示意图

3.4.5　巩固实训

实训 1：壁挂式机柜的安装

实训步骤如下：

1）准备实训工具，列出实训工具清单。

2）领取实训材料和工具。

3）看设备安装图，如图 3-74 所示，确定壁挂式机柜的安装位置。

4）准备好需要安装的设备——壁挂式网络机柜，使用实训专用螺钉，在设计好的位置安装壁挂式网络机柜，把螺钉固定牢固，如图 3-75 所示。

5）安装完毕后做好设备编号，如图 3-76 所示。

6）完成实训内容后，填写完成实训报告 4，并交由教师审核。（详见附录）

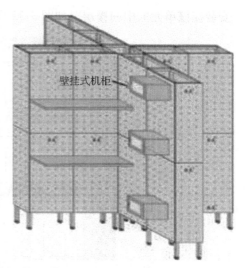

图 3-74　设备安装图

图 3-75　机柜安装示意图

图 3-76　安装完毕的机柜

实训 2：机柜内配线设备的安装

实训步骤如下：

视频操作 3-4

1）设计一种机柜内安装设备布局示意图，并绘制安装图，如图 3-77 所示。

2）按照设计图，核算实训材料规格和数量，掌握工程材料核算方法，列出材料清单。

3）按照设计图准备实训工具，列出实训工具清单。

4）领取实训材料和工具。

5）确定机柜内需要安装的设备和数量，合理安排配线架、理线环的位置，主要考虑使级联线路合理，施工和维修方便。

6）准备好需要安装的设备，打开设备自带的螺钉包，在设计好的位置安装配线架、理线环等设备，注意保持设备平齐，螺钉固定牢固，并且做好设备编号和标记，如图 3-78 所示。

7）安装完毕后，开始理线和压接线缆。

8）完成实训内容后，填写完成实训报告 5，并交由教师审核。（详见附录）

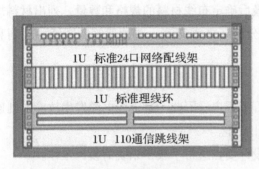

图 3-77 机柜内设备安装位置图　　图 3-78 安装图

3.5 干线子系统设计实践

3.5.1 干线子系统概述

1. 干线子系统的概念

垂直干线子系统是综合布线系统中非常关键的组成部分，它由设备间子系统与管理间子系统的引入口之间的布线组成，采用大对数电缆或光缆。它是建筑物内综合布线的主馈缆线，是楼层配线间与设备间之间垂直布放（或空间较大的单层建筑物的水平布线）缆线的统称。

2. 干线子系统的原理

干线子系统的布线原理如图 3-79 所示。

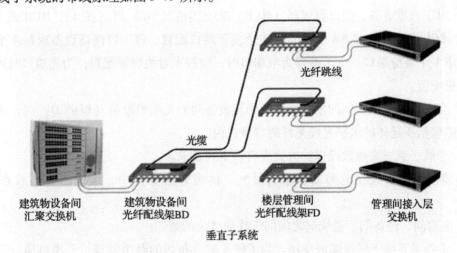

图 3-79 干线子系统的布线原理图

3.5.2 干线子系统的设计

1. 设计步骤

干线子系统的设计步骤如下：首先进行需求分析，与用户进行充分的技术交流，了解建筑物用途；其次要认真阅读建筑物设计图，确定管理间位置和信息点数量；再次，进行初步规划和设计，确定每条垂直系统布线路径；最后确定布线材料的规格和数量，列出材料规格和数量统计表。其一般工作流程如下：需求分析→技术交流→阅读建筑物图纸→规划和设计→完成材料规格和数量统计表。

2. 设计要点

干线子系统的线缆直接连接着几十或几百个用户，因此一旦干线电缆发生故障，则影响巨大。为此，必须十分重视干线子系统的设计工作。

根据综合布线的标准及规范，应按下列设计要点进行干线子系统的设计工作。

（1）确定干线线缆类型及线对

干线子系统所需要的电缆总对数和光纤总芯数，应满足工程的实际需求，并留有适当的备份容量。主干缆线宜设置电缆与光缆，并互相作为备份路由。

（2）干线子系统路径的选择

主干电缆宜采用点对点端接，也可采用分支递减端接。

如果电话交换机和计算机主机设置在建筑物内不同的设备间，宜采用不同的主干缆线来分别满足语音和数据的需要，在同一层若干管理间（电信间）之间宜设置干线路由。

（3）线缆容量配置

主干电缆和光缆所需的容量要求及配置应符合以下规定。

1）对于语音业务，大对数主干电缆的对数应按每一个电话 8 位模块通用插座配置 1 对线，并在总需求线对的基础上至少预留约 10% 的备用线对。

2）对于数据业务，应以集线器（HUB）或交换机（SW）群（按 4 个 HUB 或 SW 组成 1 群），或以每个 HUB 或 SW 设备设置 1 个主干端口配置。每 1 群网络设备或每 4 个网络设备宜考虑 1 个备份端口。主干端口为电端口时，应按 4 对线容量配置；为光端口时则按 2 芯光纤容量配置。

3）当工作区至电信间的水平光缆延伸至设备间的光配线设备（BD/CD）时，主干光缆的容量应包括所延伸的水平光缆光纤的容量在内。

4）干线子系统缆线敷设保护方式应符合下列要求。

① 缆线不得布放在电梯或供水、供气、供暖管道竖井中，缆线不应布放在强电竖井中。

② 电信间、设备间、进线间之间的干线通道应沟通。

5）干线子系统干线线缆的交接。为了便于综合布线的路由管理，干线电缆、干线光缆布线的交接不应多于两次。从楼层配线架到建筑群配线架之间只应通过一个配线架，即建筑物配线架（在设备间内）。当综合布线只用一级干线布线进行配线时，放置干线配线架的二级交接间可以并入楼层配线间。

6）干线子系统干线线缆的端接。干线线缆可采用点对点端接（见图 3-80），也可采用分支递减端接（见图 3-81）以及电缆直接连接。点对点端接是最简单、最直接的接合方法。干线子系统每根干线线缆直接延伸到指定的楼层配线管理间或二级交接间。

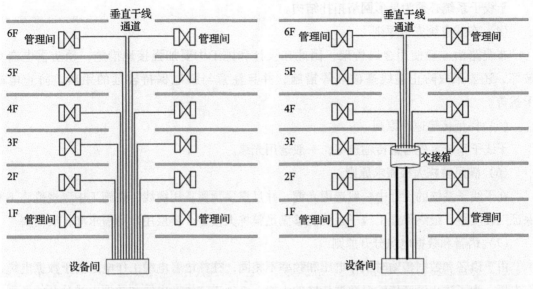

图 3-80　干线线缆点对点端接方式　　　　图 3-81　干线线缆分支接合方式

7）确定干线子系统通道规模。垂直子系统是建筑物内的主干电缆。在大型建筑物内，通常使用的干线子系统通道是由一连串穿过配线间地板且垂直对准的通道组成的，穿过弱电间地板的线缆井和线缆孔，如图 3-82 所示。

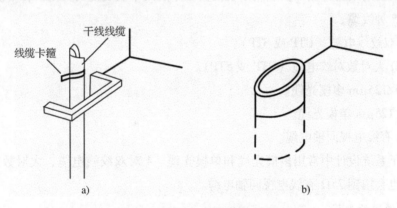

图 3-82　穿过弱电间地板的线缆井和线缆孔
a）线缆井　b）线缆孔

3. 设计原则

（1）无转接点原则

由于干线子系统中的光缆或者电缆路由比较短，而且跨越楼层或者区域，因此在布线路由中不允许有接头或者 CP 集合点等各种转接点。

（2）大弧度拐弯原则

在设计时，干线子系统的缆线应该垂直安装，如果在路由中间或者出口处需要拐弯，不能直角拐弯布线，必须设计大弧度拐弯，以保证缆线的曲率半径和布线方便。

（3）星形拓扑结构原则

干线子系统必须为星形网络拓扑结构。

（4）布线系统安全原则

布线路由一般使用金属桥架，因此在设计和施工中要加强接地措施，预防雷电击穿破坏，还要采取防止缆线遭破坏等措施，并且注意与强电保持较远的距离，防止电磁干扰等。

（5）保证传输速率原则

干线子系统首先考虑传输速率，一般选用光缆。

（6）满足整栋大楼需求原则

在干线子系统的设计中一般选用光缆，并且需要预留备用缆线，在施工中要规范施工和保证工程质量，最终保证干线子系统能够满足整栋大楼各个楼层用户的需求和扩展需要。

（7）语音和数据电缆分开原则

由于语音和数据传输时工作电压和频率不相同，往往语音电缆工作电压高于数据电缆工作电压，为了防止语音传输对数据传输的干扰，必须遵守语音电缆和数据电缆分开的原则。

3.5.3 干线子系统的工程技术

1. 布线线缆的选择

根据建筑物的结构特点以及应用系统的类型来选用干线线缆的类型。在干线子系统设计中常用以下 5 种线缆。

1）4 对双绞线电缆（UTP 或 STP）。

2）100Ω 大对数对绞电缆（UTP 或 STP）。

3）62.5/125μm 多模光缆。

4）8.3/125μm 单模光缆。

5）75Ω 有线电视同轴电缆。

在干线子系统设计中常用多模光缆和单模光缆、4 对双绞线电缆、大对数对绞电缆等，在住宅楼中也会用到 75Ω 有线电视同轴电缆。

2. 布线通道的选择

垂直线缆的布线路由的选择主要依据建筑的结构以及建筑物内预埋的管道而定。目前垂直型的干线布线路由主要采用电缆孔和电缆井两种方法。对于单层平面建筑物水平型的干线布线路由，主要用金属管道和电缆托架两种方法。

干线子系统垂直通道有下列 3 种方式可供选择。

1）电缆孔方式。通道中所用的电缆孔是很短的管道，通常用一根或数根外径 63 ~ 102mm 的金属管预埋在楼板内，金属管高出地面 25 ~ 50mm，也可直接在地板中预留一个大小适当的孔洞，如图 3-83 所示。

2）管道方式。包括明管或暗管敷设。

3）电缆竖井方式。在新建工程中，推荐使用电缆竖井方式，如图 3-84 所示。

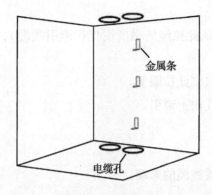

图 3-83　电缆孔方式

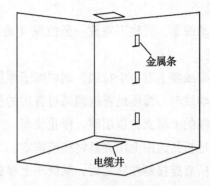

图 3-84　电缆竖井方式

电缆井是指在每层楼板上开出一些方孔，一般宽度为 30cm，并有 2.5cm 高的井栏，具体大小要根据所布线的干线电缆数量而定。

3. 线缆敷设要求

（1）双绞线

1）双绞线不要拐硬弯。

2）双绞线的两端点要标号。

3）敷设双绞线时要平直，走线槽，不要扭曲。

4）双绞线的室外部分要加套管，严禁搭接在树干上。

（2）光缆

1）敷设光缆时不应该绞结。

2）光缆埋地时要加铁管保护。

3）光缆在室内布线时要走线槽。

4）光缆在地下管道中穿过时要用 PVC 管。

5）光缆需要拐弯时，其曲率半径不得小于 30cm。

6）光缆的室外裸露部分要加铁管保护，铁管要固定牢固。

7）光缆不要拉得太紧或太松，并要有一定的膨胀收缩余量。

4. 缆线敷设方式

垂直干线是建筑物的主要线缆，它为从设备间到每层楼上的管理间之间传输信号提供通路。垂直子系统的布线方式有垂直型的也有水平型的，主要根据建筑的结构而定。大多数建筑物都是垂直向高空发展的，因此很多情况下会采用垂直型的布线方式。

在新的建筑物中，通常利用竖井通道敷设垂直干线。

在竖井中敷设垂直干线一般有两种方式：向下垂放线缆和向上牵引线缆。相比较而言，向下垂放比向上牵引容易。

（1）向上牵引线缆

向上牵引线缆需要使用电动牵引绞车，其主要步骤如下：

1）按照线缆的质量，选定绞车型号，并按绞车制造厂家的说明书进行操作，先往绞车中穿一条绳子。

2）起动绞车，并往下垂放一条拉绳（确认此拉绳的强度能保护牵引线缆），直到安放线缆的底层。

3）如果线缆上有一个拉眼，则将绳子连接到此拉眼上。

4）起动绞车，慢慢地将线缆通过各层的孔向上牵引。

5）线缆的末端到达顶层时，停止绞车。

6）在地板孔边沿上用夹具将线缆固定。

7）当所有连接制作好之后，从绞车上释放线缆的末端。

（2）向下垂放线缆

向下垂放线缆的一般步骤如下：

1）把线缆卷轴放到最顶层。

2）在离房子的开口（孔洞处）3～4m处安装线缆卷轴，并从卷轴顶部馈线。

3）在线缆卷轴处安排所需的布线施工人员（人数视卷轴尺寸及线缆质量而定），另外，每层楼上要有一个工人，以便引导下垂的线缆。

4）旋转卷轴，将线缆从卷轴上拉出。

5）将拉出的线缆引导进竖井中的孔洞。在此之前，先在孔洞中安放一个塑料的套状保护物，以防止孔洞不光滑的边缘擦破线缆的外皮。

6）慢慢地从卷轴上放缆并进入孔洞向下垂放，注意速度不要过快。

7）继续放线，直到下一层布线人员将线缆引到下一个孔洞。

8）按前面的步骤继续慢慢地放线，并将线缆引入各层的孔洞，直至线缆到达指定楼层，进入横向通道。

5. 线缆容量的计算

线缆容量的具体计算原则如下：

1）语音干线可按一个电话信息插座至少配1个线对的原则进行计算。

2）计算机网络干线线对容量的计算原则是：电缆干线按24个信息插座配2对对绞线，每一台交换机或交换机群配4对对绞线；光缆干线按每48个信息插座配2芯光纤。

3）当信息插座较少时，可以多个楼层共用交换机，并合并计算光纤芯数。

4）如有光纤到用户桌面的情况，光缆直接从设备间引至用户桌面，干线光缆芯数应不包含这种情况下的光缆芯数。

5）主干系统应留有足够的余量，以作为主干链路的备份，确保主干系统的可靠性。

6. 大对数线缆的放线方法

在通信及电力等行业，各种光缆、电缆、钢丝、软管等缆线和器材都缠绕在圆形的线轴上，由于线轴体积庞大，在工程布线和布管等施工时，需要从线轴上抽线。首先把线轴放在专业的放线器上，如图3-85所示；拉线时线轴转动，将缆线平整均匀地抽出，边抽线边施工，不会出现缆线缠绕和打结，如图3-86所示。

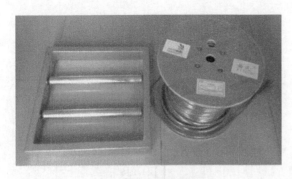

图 3-85　缆线放线器

图 3-86　大对数线缆放线

7. 缆线的绑扎

在干线子系统中敷设缆线时，应对缆线进行绑扎。在绑扎缆线的时候需要特别注意的是：应该按照楼层进行分组绑扎。

3.5.4　设计案例

设计案例1：布线系统示意图

在综合布线系统规划、设计中往往需要设计一些布线系统图，垂直系统布线设计如图 3-87 所示。

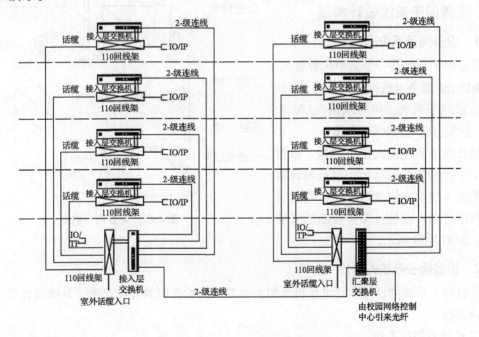

图 3-87　网络、电话系统布线系统图

设计案例2：垂直子系统竖井位置

在设计干线子系统时，必须先确定竖井的位置，从而方便施工的进行。竖井位置图的设计如图 3-88 所示。

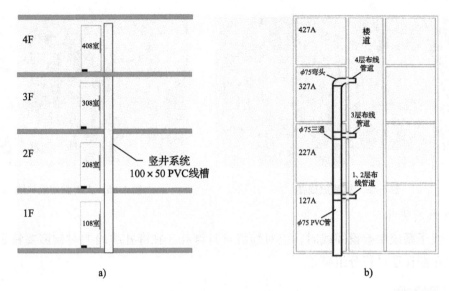

图 3-88　竖井位置图

a）PVC 线槽布线方式　　b）PVC 线管布线方式

3.6　设备间子系统设计实践

3.6.1　设备间子系统概述

设备间子系统是一个集中化设备区，连接系统公共设备及通过垂直干线子系统连接至管理子系统，如局域网（LAN）、主机、建筑自动化和保安系统等。

设备间子系统是大楼中数据、语音垂直主干线缆终接的场所，也是建筑群的线缆进入建筑物终端的场所，更是各种数据语音主机设备及保护设施的安装场所，如图 3-89 所示。

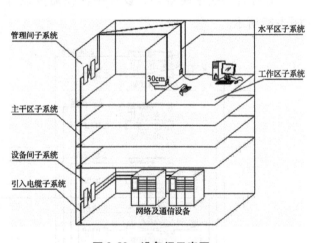

图 3-89　设备间示意图

3.6.2　设备间子系统的设计

设备间子系统的设计主要考虑设备间的位置以及设备间的环境要求，具体设计要点请参考下列内容。

（1）设备间的面积

设备间的使用面积要考虑所有设备的安装面积，还要考虑预留工作人员管理操作设备的地方。设备间的使用面积可按照下述两种方法之一确定。

方法一：已知 S_b 为综合布线有关的并安装在设备间内的设备所占面积，S 为设备间的使用总面积（单位为 m^2），那么

$$S = (5 \sim 7)\sum S_b$$

方法二：当设备尚未选型时，设备间使用总面积 S 为

$$S = KA$$

式中　A——设备间的所有设备台（架）的总数；

　　　K——系数，取值 $(4.5 \sim 5.5)\, \text{m}^2/$ 台（架）。

设备间最小使用面积不得小于 20 m^2。

（2）设备间的位置

设备间的位置及大小应根据建筑物的结构、综合布线规模、管理方式以及应用系统设备的数量等方面进行综合考虑，择优选取。在工程设计中，设备间一般设置在建筑物一层或者地下室。

确定设备间的位置可以参考以下设计规范。

1）应尽量建在综合布线干线子系统的中间位置，并尽可能靠近建筑物电缆引入区和网络接口，以方便干线线缆的进出。

2）应尽量避免设在建筑物的高层或地下室以及用水设备的下层。

3）应尽量远离强振动源和强噪声源。

4）应尽量避开强电磁场的干扰。

5）应尽量远离有害气体源以及易腐蚀、易燃、易爆物。

6）接地装置的安装。

（3）设备间的环境要求

设备间内安装了计算机、计算机网络设备、电话程控交换机、建筑物自动化控制设备等硬件设备。这些设备的运行需要相应的温度、湿度、供电、防尘等要求。一般来说，设备间室内环境温度应为 10 ~ 35℃，相对湿度应为 20% ~ 80%，并应有良好的通风。设备间应有良好的防尘措施，防止有害气体侵入，设备间梁下净高不应小于 2.5m，有利于空气循环。具体的设备间内的环境设置可以参照国家计算机用房设计标准《电子信息系统机房设计规范》GB 50174—2008、程控交换机的《工业企业程控用户交换机工程设计规范》CECS09：89 等相关标准及规范。

1）湿度。综合布线有关设备的温湿度要求可分为 A、B、C 三级，设备间的温湿度也可参照三个级别进行设计，具体要求见表 3-12。

表 3-12　设备间温湿度要求

项目	A 级	B 级	C 级
温度/℃	夏季：22 ±4；冬季：18 ±4	12 ~ 30	8 ~ 35
相对湿度	40% ~ 60%	35% ~ 70%	20% ~ 80%

2）尘埃。设备间内的电子设备对尘埃要求较高，尘埃过多会影响设备的正常工作，降低设备的工作寿命。设备间的尘埃指标一般可分为 A、B 两级，详见表 3-13。

表 3-13　设备间尘埃指标要求

项目	A 级	B 级
粒度/μm	最大 0.5	最大 0.5
个数/（粒/dm^3）	<10000	<18000

降低设备间尘埃度关键在于定期清扫灰尘，工作人员进入设备间应更换干净的鞋具。

3）空气。设备间内应保持空气洁净且有防尘措施，并防止有害气体侵入，其允许的有害气体限值见表3-14。

表 3-14　有害气体限值

有害气体	二氧化硫（SO_2）	硫化氢（H_2S）	二氧化氮（NO_2）	氨气（NH_3）	氯气（Cl_2）
平均限值/（mg/m³）	0.2	0.006	0.04	0.05	0.01
最大限值/（mg/m³）	1.5	0.03	0.15	0.15	0.3

4）噪声。为保证工作人员的身体健康，设备间内的噪声应小于70dB。如果长时间在70~80 dB 噪声的环境下工作，不但影响人的身心健康和工作效率，还可能造成人为的噪声事故。

5）照明。设备间内距地面0.8m处，照明度不应低于200lx。设备间配备的事故应急照明，在距地面0.8m处，照明度不应低于5lx。

6）电源要求。电源频率为50Hz，电压为220V和380V，三相五线制或者单相三线制。设备间供电电源允许变动范围见表3-15。

表 3-15　设备间供电电源允许变动范围

项目	A 级	B 级	C 级
电压变动（%）	−5~5	−10~7	−15~10
频率变动（%）	−0.2~0.2	−0.5~0.5	−1~1
波形失真率（%）	±5	±7	±10

7）电磁场干扰。根据综合布线系统的要求，设备间无线电干扰的频率应在0.15~1000MHz 范围内，噪声不大于120dB，磁场干扰场强不大于800A/m。

（4）设备间的设备管理

设备间内的设备种类繁多，而且线缆布设复杂。为了管理好各种设备及线缆，设备间内的设备应分类分区安装，设备间内所有进出线装置或设备应采用不同色标，以区别各类用途的配线区，方便线路的维护和管理。

（5）建筑结构

设备间的建筑结构主要依据设备大小、设备搬运以及设备重量等因素而设计。设备间的高度一般为2.5~3.2m，设备间门的大小至少为高2.1m、宽1.5m。

（6）设备间内的线缆敷设

1）活动地板方式。这种方式是缆线在活动地板下的空间敷设，由于地板下空间大，因此电缆容量和条数多，路由自由短捷，节省电缆费用，缆线敷设和拆除均简单方便，能适应线路增减变化，有较高的灵活性，便于维护管理。

2）地板或墙壁内沟槽方式。这种方式的缆线在建筑中预先建成的墙壁或地板内沟槽中敷设，沟槽的断面尺寸大小根据缆线终期容量来设计，上面设置盖板保护。这种方式造价较活动地板低，便于施工和维护，也有利于扩建，但沟槽设计和施工必须与建筑设计和施工同时进行，在配合协调上较为复杂。

3）预埋管路方式。这种方式是在建筑的墙壁或楼板内预埋管路，其管径和根数根据缆线需要来设计。此方式穿放缆线比较容易，维护、检修和扩建均有利，造价低廉，技术要求不高，是一种最常用的方式。

4）机架走线架方式。这种方式是在设备（机架）上沿墙安装走线架（或槽道）的敷设方式，走线架和槽道的尺寸根据缆线需要设计，不受建筑的设计和施工限制，可以在建成后安装，便于施工和维护，也有利于扩建。

（7）接地要求

在设备间设备的安装过程中必须考虑设备的接地。根据综合布线相关规范要求，接地要求如下：

1）直流工作接地电阻一般要求不大于4Ω，交流工作接地电阻也不应大于4Ω，防雷保护接地电阻不应大于10Ω。

2）建筑物内部应设有一套网状接地网络，保证所有设备共同的参考等电位。如果综合布线系统单独设置接地系统，且能保证与其他接地系统之间有足够的距离，则接地电阻值规定为小于等于4Ω。

3）为了获得良好的接地，推荐采用联合接地方式。所谓联合接地方式就是将防雷接地、交流工作接地、直流工作接地等统一接到共用的接地装置上。

4）接地所使用的铜线电缆规格与接地的距离有直接关系，一般接地距离在30m以内，接地导线采用直径为4mm的带绝缘套的多股铜线缆。

（8）数量合适原则

每栋建筑物应至少设置1个设备间，如果电话交换机与计算机网络设备分别安装在不同的场地或根据安全需要，也可设置两个或两个以上设备间，以满足不同业务的设备安装需要。

（9）配电安全原则

设备间的供电必须符合相应的设计规范，例如设备专用电源插座、维修和照明电源插座、接地排等应符合要求。设备间的安全分为 A、B、C 三个类别，具体规定详见表 3-16。

表 3-16　设备间的安全要求

安全项目	A 类	B 类	C 类
场地选择	有要求或增加要求	有要求或增加要求	无要求
防火	有要求或增加要求	有要求或增加要求	有要求或增加要求
内部装修	要求	有要求或增加要求	无要求
供配电系统	要求	有要求或增加要求	有要求或增加要求
空调系统	要求	有要求或增加要求	有要求或增加要求
火灾报警及消防设施	要求	有要求或增加要求	有要求或增加要求
防水	要求	有要求或增加要求	无要求
防静电	要求	有要求或增加要求	无要求
防电击	要求	有要求或增加要求	无要求
防鼠害	要求	有要求或增加要求	无要求
电磁波防护	有要求或增加要求	有要求或增加要求	无要求

（10）散热要求

机柜、机架与缆线的走线槽道摆放位置，对于设备间的气流组织设计至关重要，图3-90 表示出了各种设备建议的安装位置。

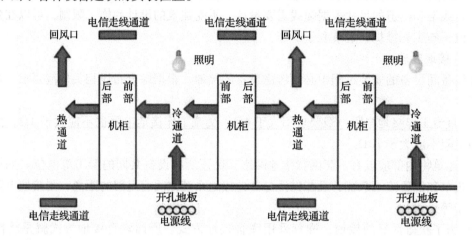

图3-90　设备间设备摆放位置与气流组织

3.6.3　设备间子系统的工程技术

1. 设备间子系统的标准要求

《综合布线系统工程设计规范》GB 50311—2016 第 5 章安装工艺要求中，对设备间的设置要求如下：

1）每幢建筑物内应至少设置 1 个设备间，如果电话交换机与计算机网络设备分别安装在不同的场地或根据安全需要，也可设置两个或两个以上设备间，以满足不同业务的设备安装需要。

2）如果一个设备间以 $10m^2$ 计，大约能安装 5 个 19in 的机柜。在机柜中安装电话大对数电缆多对卡接式模块、数据主干缆线配线设备模块，大约能支持总量为 6000 个信息点所需（其中电话和数据信息点各占 50%）的建筑物配线设备安装空间。

3）当综合布线系统设备间与建筑内信息接入机房、信息网络机房、用户电话交换机房、智能化总控室等合设时，房屋使用空间应做分隔。

2. 配电要求

设备间供电由大楼市电提供电源进入设备间专用的配电柜。设备间设置设备专用的 UPS 地板下插座，为了便于维护，在墙面上安装维修插座。其他房间根据设备的数量安装相应的维修插座。

配电柜除了满足设备间设备的供电以外，应留出一定的余量，以备以后的扩容。

3. 设备间安装防雷器

依据《综合布线系统工程设计规范》GB 50311—2016 中的有关规定，对计算机网络中心设备间电源系统采用三级防雷设计。

第一、二级电源防雷：防止从室外窜入的雷电过电压、开关操作过电压、感应过电压、反射波效应过电压。第三级电源防雷：防止开关操作过电压、感应过电压。考虑到设备间的重要设备（如服务器、交换机、路由器等）多，必须在其前端安装电源防雷器，如图 3-91 所示。

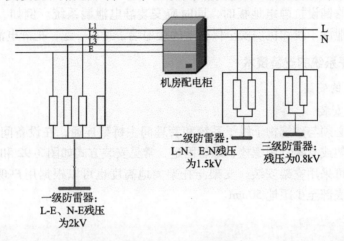

图 3-91　防雷器安装位置

4. 设备间机柜的安装要求

设备间内机柜的安装要求标准见表 3-17。

表 3-17　机柜安装要求标准

项目	标准
安装位置	应符合设计要求，机柜应离墙，便于安装和施工。所有安装螺钉不得有松动，保护橡皮垫应安装牢固
底座	安装应牢固，应按设计图的防震要求进行施工
安放	安放应竖直，柜面水平，垂直度误差 <1%，水平度误差 ≤3mm，机柜之间缝隙 ≤1mm
表面	完整，无损伤，螺钉坚固，每平方米表面凹凸度应 <1mm
接线	接线应符合设计要求，接线端子各种标志应齐全，保持良好
配线设备	接地体、保护接地、导线截面、颜色应符合设计要求
接地	应设接地端子，并良好连接介入楼宇接地端排
缆线预留	1. 对于固定安装的机柜，在机柜内不应有预留线，预留线应预留在可以隐蔽的地方，长度为 1～1.5m 2. 对于可移动的机柜，连入机柜的全部线缆在连入机柜的入口处，应至少预留 1m，同时各种线缆的预留长度相互之间的差别应不超过 0.5m
布线	机柜内走线应全部固定，并要求横平竖直

5. 设备间防静电措施

为了防止静电带来的危害，更好地保护机房设备，更好地利用布线空间，应在中央机房等关键的房间内安装高架防静电地板。

设备间用防静电地板有钢结构和木结构两大类，其要求是既能提供防火、防水和防静电功能，又要轻、薄并具有较高的强度和适应性，且有微孔通风。防静电地板下面或防静电吊顶板上面的通风道应留有足够余地以作为机房敷设线槽、线缆的空间，这样既保证了大量线槽、线缆便于施工，同时也使机房整洁美观。

在设备间装修铺设抗静电地板时，同时应安装静电泄漏系统。例如，铺设静电泄漏地网，通过将静电泄漏干线和机房安全保护地的接地端子封在一起，把静电泄漏掉。

3.6.4 设备间子系统的安装技术

1. 布线通道的安装

（1）地板下安装

设备间桥架必须与建筑物干线子系统和管理间主桥架连通，在设备间内部，每隔1.5m安装一个地面托架或支架，用螺栓、螺母固定，常见安装方式如图3-92和图3-93所示。

一般情况下可采用支架安装，支架与托架离地高度也可以根据用户现场的实际情况而定，不受限制，底部至少距地50mm。

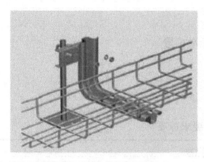

图3-92 托架安装方式

图3-93 支架安装方式

（2）顶棚安装

在顶棚内安装桥架时采取吊装方式，通过槽钢支架或者钢筋吊竿，再结合水平托架和M6螺栓将桥架固定，吊装于机柜上方，将相应的缆线布放到机柜中，通过机柜中的理线器等对其进行绑扎、整理归位，常见安装方式如图3-94所示。

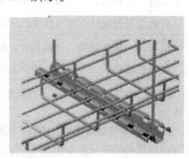

图3-94 顶棚吊装桥架安装方式

（3）特殊安装方式

分层安装桥架方式：分层吊挂安装可以敷设更多线缆，便于维护和管理，使现场美观，如图3-95所示。

机架支撑安装方式：采用这种新的安装方式，安装人员不需要在顶棚上钻孔，而且安装和布线时工人无须爬上爬下，省时省力，非常方便。用户不仅能对整个安装工程有更直观的控制，线缆也能自然通风散热，机房日后的维护升级也很简便，如图 3-96 所示。

图 3-95　分层安装桥架方式

图 3-96　机架支撑桥架安装方式

2. 走线通道的安装施工

设备间内各种桥架、管道等走线通道的敷设应符合以下要求。

1）横平竖直，水平走向左右偏差应不大于 10mm，高低偏差不大于 5mm。

2）走线通道与其他管道共架安装时，走线通道应布置在管架的一侧。

3）走线通道内缆线垂直敷设时，缆线的上端和每间隔 1.5m 处应固定在通道的支架上；水平敷设时，在缆线的首、尾、转弯及每间隔 3~5m 处进行固定。

4）布放在电缆桥架上的线缆要绑扎，外观应平直整齐，线扣间距均匀，松紧适度。

5）要求将交、直流电源线和信号线分架走线，或金属线槽采用金属板隔开，在保证线缆间距的情况下，可以同槽敷设。

6）缆线应顺直，不宜交叉，特别在缆线转弯处应绑扎固定。

7）缆线在机柜内布放时不宜绷紧，应留有适量余量，绑扎线扣间距应均匀，力度适宜，布放顺直、整齐，不应交叉缠绕。

8）6A 类 UTP 网线敷设通道填充率不应超过 40%。

3. 设备间接地

（1）机柜和机架接地连接

设备间机柜和机架等必须可靠接地，一般采用自攻螺钉与机柜钢板连接方式。如果机柜表面是漆过的，接地必须直接接触到金属，借助褪漆溶剂或者电钻，实现电气连接。

（2）设备接地

安装在机柜或机架上的服务器、交换机等设备必须通过接地汇集排可靠接地。

（3）桥架接地

桥架必须可靠接地，常见接地方式如图 3-97 所示。

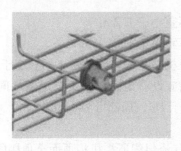

图 3-97　敞开式桥架接地方式

4. 缆线端接

设备间有大量的跳线和端接工作，在进行缆线与跳线的端接时应遵守下列基本要求。

1）需要交叉连接时，尽量减少跳线的冗余和长度，保持整齐和美观。

2）满足缆线的弯曲半径要求。

3）缆线应端接到性能级别一致的连接硬件上。

4）主干缆线和水平缆线应被端接在不同的配线架上。

5）双绞线外护套剥除最短。

6）线对开绞距离不能超过13mm。

7）6A类网线绑扎固定不宜过紧。

5. 内部通道设计与安装

（1）架空地板走线通道

架空地板的地面起到防静电的作用，它的下部空间可以作为冷、热通风的通道，同时又可设置线缆的敷设槽、道。

我国国家标准中规定，架空地板下空间只作为布放通信线缆使用时，地板内净高不宜小于250mm。当架空地板下的空间既作为布线又作为空调静压箱时，地板高度不宜小于400mm。地板下通道设置如图3-98所示。

国外BISCI的数据中心设计和实施手册中定义架空地板内净高至少满足450mm，推荐900mm，地板板块底面到地板下通道顶部的距离至少保持20mm，当有线缆束或管槽的出口时，则增至50mm，以满足线缆的布放与空调气流组织的需要。

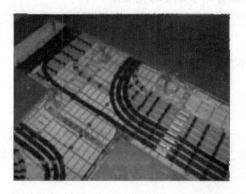

图3-98　地板下通道布线示意图

（2）人行通道

1）用于运输设备的通道净宽不应小于1.5m。

2）用于面布置的机柜或机架正面之间的距离不宜小于1.2m。

3）背对背布置的机柜或机架背面之间的距离不宜小于1m。

4）需要在机柜侧面维修测试时，机柜与机柜、机柜与墙之间的距离不宜小于1.2m。

5）成行排列的机柜，其长度超过6m时，两端应设有走道；当两个走道之间的距离超过15m时，其间还应增加走道；走道的宽度不宜小于1m，局部可为0.8m。

（3）顶棚下走线通道

1）净空要求。常用的机柜高度一般为2.0m，气流组织所需机柜顶面至顶棚的距离一般为 500~700mm，尽量与架空地板下净高相近，故机房净高不宜小于 2.6m。

根据国际分级指标，各级数据中心的机房梁下或顶棚下的净高要求见表 3-18。

表 3-18 机房净高要求

	一级	二级	三级	四级
顶棚离地板高度	至少 2.6m	至少 2.7m	至少 3m。顶棚离最高的设备顶部不低于 0.46m	至少 3m。顶棚离最高的设备顶部不低于 0.6m

2）通道形式。顶棚走线通道由开放式桥架、槽式封闭式桥架和相应的安装附件等组成。开放式桥架因具有方便线缆维护的特点，在新建的数据中心应用较广。

走线通道安装在离地板 2.7m 以上机房走道和其他公共空间上空的空间，否则顶棚走线通道的底部应铺设实心材料，以防止人员触及和保护其不受意外或故意的损坏。顶棚通道设置如图 3-99 所示。

图 3-99 顶棚通道布线示意图

（4）通道位置与尺寸要求

1）通道顶部距楼板或其他障碍物不应小于 300mm。

2）通道宽度不宜小于 100mm，高度不宜超过 150mm。

3）通道内横断面的线缆填充率不应超过 50%。

4）如果存在多个顶棚走线通道，可以分层安装，光缆最好敷设在铜缆的上方。为了方便施工与维护，铜缆线路和光纤线路宜分开敷设。

5）灭火装置的喷头应当设置于走线通道之间，不能直接放在通道上。机房采用管路的气体灭火系统时，电缆桥架应安装在灭火气体管道上方，不阻挡喷头，不阻碍气体。

6. 机柜机架的设计与安装

（1）预连接系统的安装设计

预连接系统可以用于水平配线区—设备配线区，也可以用于主配线区—水平配线区之间线缆的连接。预连接系统的设计关键是准确定位预连接系统两端的安装位置，以定制合适的线缆长度，包括配线架在机柜内的单元高度位置和端接模块在配线架上的端口位置，机柜内的走线方式、冗余的安装空间，以及走线通道和机柜的间隔距离等。

（2）机架缆线管理器安装设计

在每对机架之间和每列机架两端安装垂直缆线管理器，垂直缆线管理器宽度至少为

83mm（3.25in）。在单个机架摆放处，垂直缆线管理器至少宽 150mm（6in）。两个或多个机架一列时，在机架间考虑安装宽度为 250mm（10in）的垂直缆线管理器，在一排的两端安装宽度为 150mm（6in）的垂直缆线管理器。要求缆线管理器从地面延伸到机架顶部。

　　管理 6A 类及以上级别的缆线和跳线时，宜在高度或深度方向上适当增加理线空间的缆线管理器，满足缆线最小弯曲半径与填充率要求。机架缆线管理器的组成如图 3-100 所示。

图 3-100　机架缆线管理器的组成

（3）机柜安装抗震设计

　　单个机柜、机架应固定在抗震底座上，不得直接固定在架空地板的板块上或随意摆放。每一列机柜、机架应该连接成为一个整体，采用加固件与建筑物的柱子及承重墙进行固定。机柜、列与列之间也应当在两端或适当的部位采用加固件进行连接。机房设备应防止地震时产生过大的位移、扭转或倾倒。

3.6.5　设备间子系统的设计案例

设计案例 1：设备间预埋管路图

设备间的布线管道一般采用暗敷预埋方式，如图 3-101 所示。

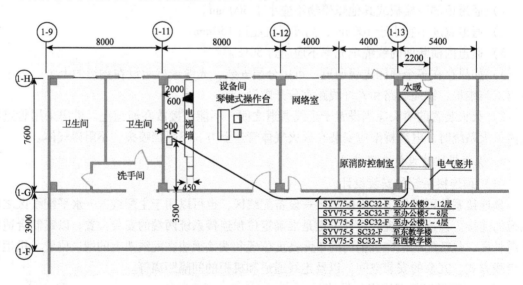

图 3-101　设备间预埋管道图

设计案例 2：设备间布局设计图

在设计设备间布局时，一定要将安装设备区域和管理人员办公区域分开考虑，这样不但便于管理人员的办公，而且便于设备的维护。如图 3-102 所示，设备区域与办公区域使用玻璃隔断分开。

a)

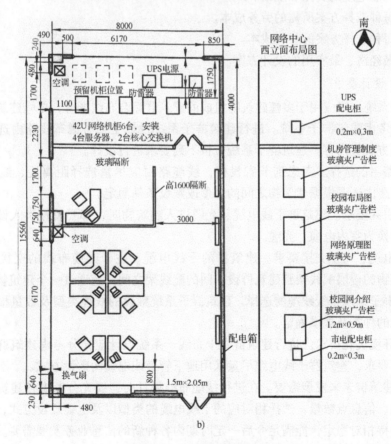

b)

图 3-102　设备间布局设计图

a) 设备间装修效果图　b) 设备间布局平面图

3.7　建筑群子系统设计实践

3.7.1　建筑群子系统概述

建筑群子系统也称为楼宇子系统，主要实现建筑物与建筑物之间的通信连接，一般采用光缆并配置光纤配线架等相应设备。它支持楼宇之间通信所需的硬件，包括缆线、端接设备和电气保护装置。

3.7.2　建筑群子系统的设计

1. 需求分析及设计步骤

在进行建筑群子系统设计的需求分析时一般应该考虑以下具体问题。

1）确定敷设现场的特点，包括确定整个工地的大小、工地的地界、建筑物的数量等。

2）确定电缆系统的一般参数。

3）确定建筑物的电缆入口。

4）确定明显障碍物的位置。

5）确定主电缆路由和备用电缆路由。

6）选择所需电缆的类型和规格。

7）确定每种选择方案所需的劳务成本。

8）确定每种选择方案的材料成本。

9）选择最经济、最实用的设计方案。

2. 规划和设计要求

建筑群子系统主要应用于多幢建筑物组成的建筑群综合布线场合，单幢建筑物的综合布线系统可以不考虑建筑群子系统。进行建筑群子系统设计主要考虑布线路由选择、线缆选择、线缆布线方式等内容。建筑群子系统应按下列要求进行设计。

1）线缆路由的选择。考虑到节省投资，线缆路由应尽量选择距离短、线路平直的路由。但具体的路由还要根据建筑物之间的地形或敷设条件而定。

2）电缆引入要求。建筑群干线电缆、光缆进入建筑物时，都要设置引入设备，并在适当位置终端转换为室内电缆、光缆。

3）干线电缆、光缆交接要求。建筑群的干线电缆、主干光缆布线的交接不应多于两次，每幢建筑物的楼层配线架到建筑群设备间的配线架之间只应通过一个建筑物配线架。

4）建筑群子系统布线线缆的选择。建筑群子系统敷设的线缆类型及数量根据综合布线连接应用系统的种类及规模确定。

5）考虑环境美化要求。进行建筑群主干布线子系统设计应充分考虑建筑群覆盖区域的整体环境美化要求，建筑群干线电缆尽量采用地下管道或电缆沟敷设方式。

6）考虑建筑群未来发展需要。在进行线缆布线设计时，要充分考虑各建筑物需要安装的信息点种类、信息点数量，选择相对应的干线电缆的类型以及电缆敷设方式，使综合布线系统建成后保持相对稳定，能满足今后一定时期内各种新的信息业务发展需要。

3. 设计原则

1）预留原则。建筑群子系统的室外管道和缆线必须预留备份，方便未来升级和维护。

2）大拐弯原则。建筑群子系统一般使用光缆，要求拐弯半径大，实际施工时一般在拐弯处设立接线井，方便拉线和后期维护。如果不设立接线井拐弯，必须保证较大的曲率半径。

3）地下埋管原则。建筑群子系统的室外缆线一般通过建筑物进线间进入大楼内部的设备间，室外距离比较长，设计时一般选用地埋管道穿线或者电缆沟敷设方式，在特殊场合也使用直埋方式或架空方式。

4）远离强电原则。园区室外地下埋设有许多 380V 或 10000V 的交流强电电缆，这些强电电缆的电磁辐射非常大，网络系统的缆线必须远离这些强电电缆，避免其对网路系统产生电磁干扰。

5）管道抗压原则。建筑群子系统的地埋管道穿越园区道路时，必须使用钢管或抗压PVC 管。

6）远离高温管道原则。建筑群光缆或电缆经常在室外的部分或在进线间需要与热力管道交叉或者并行，遇到这种情况时，必须与热力管道保持较远的距离，避免高温损坏缆线或缩短缆线的寿命。

3.7.3 建筑群子系统的工程技术

建筑群子系统的线缆布设方式有以下4种。

（1）架空布线法

架空布线法通常应用于有现成电杆、对电缆的走线方式无特殊要求的场合。这种布线方式造价较低，但影响环境美观且安全性和灵活性不足。架空布线法要求用电杆将线缆在建筑物之间悬空架设，一般先架设钢丝绳，然后在钢丝绳上挂放线缆。架空布线使用的主要材料和配件有：缆线、钢丝绳、固定螺栓、固定拉攀、预留架、U 形卡、挂钩、标志管等，如图 3-103 所示，在架设时还需要使用滑车、安全带等辅助工具。

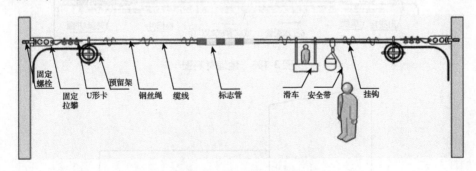

图 3-103　架空布线主要材料图

敷设架空线缆的一般步骤如图 3-104 所示。

1）电杆的间隔距离以 30～50m 为宜。

2）根据线缆的质量选择钢丝绳，一般选 8 芯钢丝绳。

3）固定好钢丝绳。

4）架设线缆。

5）隔 0.5m 架一个挂钩。

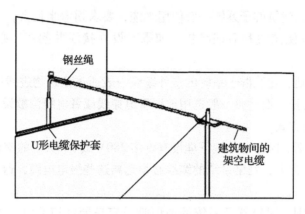

图 3-104　架空布线法

（2）隧道内电缆布线

在建筑物之间通常有地下通道，大多是供暖供水的，利用这些通道来敷设电缆不仅成本低，而且可以使管道保持一定的距离，安装在尽可能高的地方，可根据民用建筑设施的有关条件进行施工。

（3）地下管道布线法

地下管道布线是一种由管道和入孔组成的地下系统，它把建筑群的各个建筑物互连。图3-105、图 3-106 所示为 1 根或多根管道通过基础墙进入建筑物内部的结构。

地下管道能够保护缆线，不会影响建筑物的外观及内部结构。管道埋设的深度一般为0.8～1.2m，或符合当地城管等部门有关法规规定的深度。

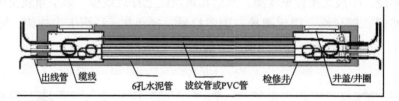

图 3-105　地埋材料图

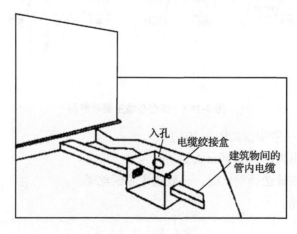

图 3-106　地下管道布线法

（4）直埋布线法

直埋布线法根据选定的布线路由在地面上挖沟，然后将线缆直接埋在沟内。直埋布线的电缆除了穿过基础墙的那部分电缆有管保护外，电缆的其余部分直埋于地下，没有保护，如图3-107所示。

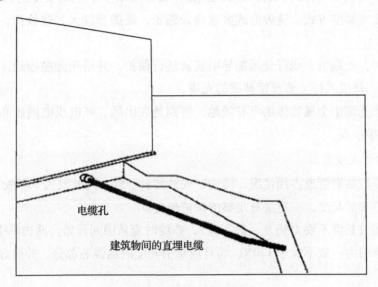

电缆孔

建筑物间的直埋电缆

图3-107 直埋布线法

以上四种建筑群布线方法的优缺点比较见表3-19。

表3-19 四种建筑群布线方法的优缺点比较

方法	优点	缺点
地下管道布线法	提供最佳机械保护，任何时候都可敷设，扩充和加固时都很容易保持建筑物的外貌	挖沟、开管道和孔的成本很高
直埋布线法	提供某种程度的机械保护，保持建筑物的外貌	挖沟成本高，难以安排电缆的敷设位置，难以更换和加固
架空布线法	如果有电线杆，则成本最低	没有提供任何机械保护，灵活性差，安全性差，影响建筑物美观
隧道内布线法	保持建筑物的外貌，如果有隧道，则成本最低、安全	热量或泄漏的热气可能损坏缆线，缆线也可能被水淹

3.7.4 建筑群子系统的安装技术

建筑群子系统主要采用光缆敷设，因此建筑群子系统的安装技术主要指光缆的安装技术。

安装光缆需格外谨慎，连接每条光缆时都要熔接。光缆不能拉得太紧，也不能形成直角。敷设较长距离的光缆最重要的是选择一条合适的路径。

1．室外架空光缆施工

1）吊线托挂架空方式。该方式简单、便宜，应用最广泛，但挂钩加挂、整理较费时。

2）吊线缠绕式架空方式。这种方式较稳固，维护工作少，但需要专门的缠扎机。

3）自承重式架空方式。这种方式要求高，施工、维护难度大，造价高，国内目前很少采用。

4）架空时，光缆引上线杆处须加导引装置进行保护，并避免光缆拖地，牵引光缆时注意减小摩擦力。每根线杆上要预留伸缩的光缆。

5）要注意光缆中金属物体的可靠接地，特别是在山区、高电压电网区和多地区一般要每公里有 3 个接地点。

2．室外管道光缆施工

1）施工前应核对管道占用情况，清洗、安放塑料子管，同时放入牵引线。

2）计算好布放长度，一定要有足够的预留长度。

3）一次布放长度不要太长（一般 2km），布线时应从中间开始向两边牵引。

4）布缆牵引力一般不大于 120N，而且应牵引光缆的加强芯部分，并做好光缆头部的防水加强处理。

5）光缆引入和引出处须加顺引装置，不可直接拖地。

6）管道光缆也要注意可靠接地。

3．直埋光缆的敷设

1）直埋光缆沟深度要按标准进行挖掘。

2）不能挖沟的地方可以架空或钻孔预埋管道敷设。

3）沟底应保证平缓坚固，需要时可预填一部分沙子、水泥或支撑物。

4）敷设时可用人工或机械牵引，但要注意导向和润滑。

5）敷设完成后，应尽快回土覆盖并夯实。

4．建筑物内光缆的敷设

1）垂直敷设时，应特别注意光缆的承重问题，一般每两层要将光缆固定一次。

2）光缆穿墙或穿楼层时，要加带护口的保护用塑料管，并且要用阻燃的填充物将管子填满。

3）在建筑物内也可以预先敷设一定量的塑料管道，待以后要敷设光缆时再用牵引或真空法布光缆。

3.7.5 设计案例

设计案例1：室外架空图

建筑物之间线路的连接还有一种连接方式，就是架空方式。设计架空线路时，需要考虑建筑物之间的距离，如图 3-108 所示。

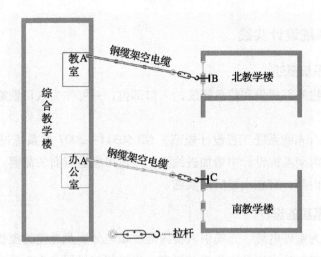

图 3-108　室外架空图

设计案例 2：室外管道的敷设

在设计建筑群子系统的埋管图时，一定要根据建筑物之间数据或语音信息点的数量来确定埋管规格，如图 3-109 所示。

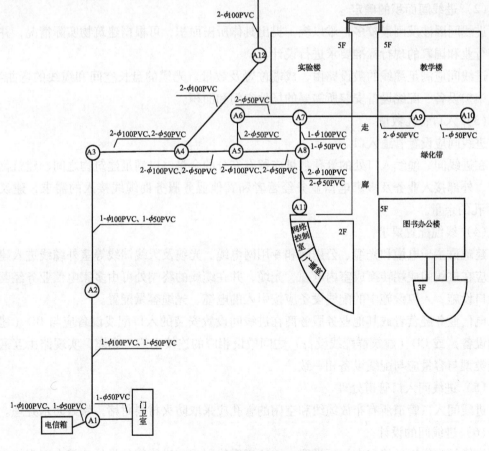

图 3-109　建筑群之间预埋管图

3.8　进线间子系统设计实践

3.8.1　进线间子系统概述

进线间是建筑物外部通信和信息管线的入口部位，并可作为入口设施和建筑群配线设备的安装场地。

进线间是《综合布线系统工程设计规范》GB 50311—2007 在系统设计内容中专门增加的，要求在建筑物前期系统设计中增加进线间，满足多家运营商的需要。进线间一般通过地埋管线进入建筑物内部，宜在土建阶段实施。

3.8.2　进线间子系统的设计

进线间主要作为室外电缆、光缆引入楼内的成端与分支及光缆的盘长空间位置。光缆至大楼、至用户、至桌面的应用及容量日益增多，进线间就显得尤为重要。

（1）进线间的位置

一般一幢建筑物宜设置 1 个进线间，一般是提供给多家电信运营商和业务提供商使用，通常设于地下一层。外线宜从两个不同的路由引入进线间，有利于与外部管道沟通。进线间与建筑物红外线范围内的人孔或手孔采用管道或通道的方式互连。

（2）进线间面积的确定

进线间因涉及因素较多，难以统一提出具体所需面积，可根据建筑物实际情况，并参照通信行业和国家的现行标准要求进行设计。

进线间应满足缆线的敷设路由、成端位置及数量、光缆的盘长空间和缆线的弯曲半径、充气维护设备、配线设备安装所需要的场地空间和面积。

（3）入口管孔数量

进线间应设置管道入口。

在进线间，缆线入口处的管孔数量应留有充分的余量，以满足建筑物之间、建筑物弱电系统、外部接入业务及多家电信业务经营者和其他业务服务商缆线接入的需求，建议留有 2~4 孔的余量。

（4）线缆配置要求

建筑群主干电缆和光缆、公用网和专用网电缆、光缆及天线馈线等室外缆线进入建筑物时，应在进线间成端转换成室内电缆、光缆，并在缆线的终端处可由多家电信业务经营者设置入口设施，入口设施中的配线设备应按引入的电缆、光缆容量配置。

电信业务经营者或其他业务服务商在进线间设置安装的入口配线设备应与 BD（建筑物配线设备）或 CD（建筑群配线设备）之间敷设相应的连接电缆、光缆，实现路由互通，且缆线类型与容量应与配线设备相一致。

（5）进线间入口管道处理

进线间入口管道所有布放缆线和空闲的管孔应采取防火材料封堵，做好防水处理。

（6）进线间的设计

进线间宜靠近外墙和在地下设置，以便于缆线引入。进线间的设计应符合下列规定。

1）应防止渗水，宜设有抽排水装置。

2）进线间应与布线系统垂直竖井沟通。

3）进线间应采用相应防火级别的防火门，门向外开，宽度不小于1000mm。

4）进线间应设置防有害气体措施和通风装置，排风量按每小时不小于5次容积计算。

5）进线间安装配线设备和信息通信设施时，应符合设备的安装设计要求。

6）与进线间无关的管道不宜通过。

（7）设计原则

1）地下设置原则。进线间一般应该设置在地下或者靠近外墙，并且应与布线垂直竖井连通。

2）空间合理原则。进线间应满足缆线的敷设路由、端接位置及数量、光缆的盘长空间和缆线的弯曲半径、充气维护设备的需要等，大小应按进线间的进出管道容量及入口设施的最终容量设计。

3）满足多家运营商需求原则。应考虑满足多家电信业务经营者安装入口设施等设备的面积要求。

4）公用原则。在设计和安装进线间时，应该考虑通信、消防、安防、楼控等其他设备以及设备安装空间。如安装配线设备和信息通信设施时，应符合设备的安装设计要求。

5）安全原则。进线间应设置防有害气体措施和通风装置，并安装防火门，门向外开，宽度不小于1000mm，且与进线间无关的水暖管道不宜通过。

习题 3

一、填空题

1. 配线子系统指从楼层配线间至_____的部分，在《综合布线系统工程设计规范》GB 50311—2016 中也被称为_____。

2. 综合布线中配线子系统是计算机网络信息传输的重要组成部分，一般由_____对 UTP 线缆构成，如果有磁场干扰或是信息保密，则可用_____，高带宽应用时，可用_____。

3. 在水平布线方式中，_____方式适用于大开间或需要打隔断的场合。

4. 新建建筑物优先考虑在建筑物梁和立柱中_____，旧楼改造或者装修时考虑在墙面刻槽埋管或者墙面_____。

5. 为了保证水平缆线最短原则，一般把楼层管理间设置在_____位置，保证水平缆线最短。

6. 管理间子系统也称为_____或者_____。

7. 配线架端口数量应该_____信息点数量，保证全部信息点过来的缆线全部端接在配线架中。

8. 管理间子系统使用_____来区分配线设备的性质，标明端接区域、物理位置、编号、容量、规格等，以便维护人员在现场一目了然地加以识别。

9. 《综合布线系统工程设计规范》GB 50311—2016 中规定管理间的使用面积不应小

于_____。

10. 管理间安装落地式机柜时，机柜前面的净空不应小于_____，后面的净空不应小于_____，以方便施工和维修。安装壁挂式机柜时，一般在楼道安装高度不小于_____。

11. 设备间子系统是一个集中化设备区，连接系统公共设备，并通过_____连接至管理间子系统。

12. 设备间子系统一般设在建筑物中部或建筑物的_____层，避免设在_____，位置不应远离电梯，而且要为以后的扩展留下余地。

13. 设备间室内环境温度应为_____℃，相对湿度应为_____，并应有良好的通风。

14. 设备间最小使用面积不得小于_____。

15. 为了方便敷设电缆线和电源线，设备间的地面最好采用抗静电活动地板，其接地电阻应在_____之间。设备间的安全分为 3 个类别，分别是_____、_____和_____。

16. 建筑群子系统由_____、_____和_____等相关硬件组成。

17. 建筑群子系统的地埋管道穿越园区道路时，必须使用_____或_____。

18. 有线电视系统常采用_____或_____作为干线电缆。

19. 建筑群的干线电缆、主干光缆布线的交接不应多于_____。

20. 从每幢建筑物的楼层配线架到建筑群设备间的配线架之间只应通过_____建筑物配线架。

21. 进线间一般应该设置在地下或者靠近外墙，以便于缆线引入，并且应与布线_____连通。

22. 进线间应设置防有害气体措施和通风装置，排风量按每小时不小于_____容积计算。

23. 一般来说，计算机网络系统常采用光缆作为建筑物布线线缆，在网络工程中，经常使用_____，户外布线大于 2km 时可选用_____。

24. 电话系统常采用_____作为布线线缆。

25. 有线电视系统常采用_____或_____作为干线电缆。

二、选择题

1. 下列属于有线传输介质的是（　　）。
   A. 双绞线　　　　　　B. 同轴电缆　　　　　　C. 光缆　　　　　　D. 微波

2. 双绞线按频率和信噪比目前可分为几类，以下属于其中分类的是（　　）。
   A. 5 类线　　　　　　B. 超 5 类线　　　　　　C. 6 类线　　　　　　D. 7 类线

3. 双绞线电缆的主要技术参数有（　　）。
   A. 衰减　　　　　　　B. 直流电阻　　　　　　C. 特征阻抗　　　　　D. 近端串扰比

4. 下列属于光纤连接器类型的是（　　）。
   A. ST　　　　　　　　B. SC　　　　　　　　　C. FC　　　　　　　　D. CT

5. ANSI/EIA/TIA568B 中规定，双绞线的线序是（　　）。
   A. 白橙、橙、白绿、蓝、白蓝、绿、白棕、棕

B. 白橙、橙、白绿、绿、白蓝、蓝、白棕、棕

C. 白绿、绿、白橙、蓝、白蓝、橙、白棕、棕

D. 以上都不是

6. 配线子系统的拓扑结构一般为（　　）。

A. 总线型　　　　　B. 星形　　　　　C. 树形　　　　　D. 环形

7. 配线子系统也称水平子系统，其范围是（　　）。

A. 从楼层配线架到 CP 集合点　　　　B. 从信息插座到设备间配线架

C. 从信息插座到管理间配线架　　　　D. 从楼层配线架到信息终端

8. 下列属于配线子系统布线原则的是（　　）。

A. 预埋管原则　　　　　　　　　　　B. 水平缆线最短原则

C. 水平缆线最长不宜超过 90m　　　　D. 直线布线原则

9. 在配线子系统中，下列关于双绞线的说法中正确的是（　　）。

A. 水平线缆的长度不要超过 90m

B. 整个配线子系统信道长度不要超过 90m

C. CP 集合点与楼层配线架之间水平线缆的长度应小于 15m

D. 配线子系统的线路属于非永久线路，可以随时更换

10. 从楼层的配线架到计算机终端的距离应不超过（　　）。

A. 80m　　　　　B. 90m　　　　　C. 100m　　　　　D. 200m

11. 管理间为连接其他子系统提供手段，是连接垂直子系统和配线子系统的设备，其主要设备是（　　）。

A. 配线架　　　　　B. 交换机和机柜　　　　　C. 电源　　　　　D. 跳线

12. 在综合布线系统中，管理间子系统包括（　　）。

A. 楼层配线间　　　　　　　　　　　B. 二级交接间

C. 建筑物设备间的线缆、配线架　　　D. 相关接插跳线

13. 在管理间子系统的设计中，一般要遵循的原则有（　　）。

A. 配线架数量确定原则　　　　　　　B. 标识管理原则

C. 理线原则　　　　　　　　　　　　D. 配置不间断电源原则

E. 防雷电措施

14. 综合布线中常使用的三种标记是（　　）。

A. 电缆标记　　　B. 设备标记　　　C. 场标记　　　D. 插入标记

15. 管理间应采用外开（　　）级防火门，门宽大于（　　）m。

A. 丙；0.7　　　B. 乙；0.7　　　C. 丙；0.8　　　D. 乙；0.8

16. 设备间梁下净高不应小于（　　），以利于空气循环。

A. 1.5m　　　　　B. 2m　　　　　C. 2.5m　　　　　D. 3m

17. 以下关于设备间的说明，正确的是（　　）。

A. 应尽量避免设在建筑物的高层或地下室以及用水设备的下层

B. 应尽量远离强振动源和强噪声源

C. 应尽量靠近强电磁场

D. 应尽量远离有害气体源以及易腐蚀、易燃、易爆物

18. 根据设备间内设备的使用要求，设备的供电方式分为 3 类，分别是 (　　　)。

　　A. 需要建立不间断供电系统　　　　　B. 需要建立带备用电源的供电系统

　　C. 按一般用途供电考虑　　　　　　　D. 按特殊用途供电考虑

19. 根据综合布线系统的要求，设备间无线电干扰的频率应在 (　　　) 范围内。

　　A. 0.15 ~ 1000MHz　　　　　　　　　B. 0.15 ~ 1500MHz

　　C. 0.15 ~ 1800MHz　　　　　　　　　D. 0.15 ~ 2000MHz

20. 在设备间安装设备时要考虑设备的接地。直流工作接地电阻一般不大于 4Ω，交流工作接地电阻也不应大于 4Ω，防雷保护接地电阻不应大于 (　　　)。

　　A. 4Ω　　　　　　B. 5Ω　　　　　　C. 10Ω　　　　　　D. 15Ω

21. 建筑群子系统的线缆布设方式分别是 (　　　)。

　　A. 架空布线法　　　　　　　　　　　B. 直埋布线法

　　C. 地下管道布线法　　　　　　　　　D. 隧道内电缆布线

22. 架空电缆时，建筑物到最近处的线杆的距离应小于 (　　　)。

　　A. 20m　　　　　　B. 25m　　　　　　C. 30m　　　　　　D. 35m

23. 架空线缆敷设时，电杆以 (　　　) 的间隔距离为宜。

　　A. 20 ~ 30m　　　　B. 30 ~ 50m　　　　C. 40 ~ 60m　　　　D. 50 ~ 60m

24. 架空线缆敷设时，每隔 (　　　) 架一个挂钩。

　　A. 0.5m　　　　　　B. 1.0m　　　　　　C. 1.5m　　　　　　D. 2.0m

25. 直埋线缆敷设时通常应埋在距地面 (　　　) 以下的地方，或按照当地城管等部门的有关法规去施工。

　　A. 0.5m　　　　　　B. 1.0m　　　　　　C. 1.5m　　　　　　D. 2.0m

26. 光缆转弯时，其转弯半径要大于光缆自身直径的 (　　　) 倍。

　　A. 10　　　　　　　B. 15　　　　　　　C. 20　　　　　　　D. 25

27. 室外光缆施工时，布缆牵引力一般不大于 (　　　)，而且应牵引光缆的加强心部分，并做好光缆头部的防水加强处理。

　　A. 90N　　　　　　B. 100N　　　　　　C. 110N　　　　　　D. 120N

28. 垂直敷设时，应特别注意光缆的承重问题，一般每 (　　　) 要将光缆固定一次。

　　A. 一层　　　　　　B. 两层　　　　　　C. 三层　　　　　　D. 四层

29. 管道埋设的深度一般为 (　　　)。

　　A. 0.8 ~ 1.2m　　　B. 1.0 ~ 1.2 m　　　C. 1.2 ~ 1.4 m　　　D. 1.4 ~ 1.6 m

30. 进线间主要作为室外 (　　　) 引入楼内的成端与分支及光缆的盘长空间位置。

　　A. 电缆　　　　　　B. 光缆　　　　　　C. 线杆　　　　　　D. 建筑物

项目 4　综合布线工程施工技术实践

4.1　网络配线端接工程实践

4.1.1　网络配线端接的意义和重要性

网络配线端接是连接网络设备和综合配线系统的关键施工技术，通常每个网络系统管理间有数百甚至数千根网络线。在工程实际施工中，一般每个信息点的网络路由从终端 PC→设备跳线→墙面模块→楼层管理间机柜内 110 跳线架→网络配线架→接入层交换机→汇聚层交换机→核心层交换机等，如图 4-1 所示，平均需要端接 12 次，每次端接 8 个线芯，每个信息点至少需要端接 96 芯，因此熟练掌握配线端接技术非常重要。

终端PC　墙面信息插座　110跳线架　网络配线架　接入层交换机　汇聚层交换机　核心层交换机

图 4-1　网络配线端接

例如，要进行 1000 个信息点的小型综合布线系统工程施工，按照每个信息点平均端接 12 次计算，该工程总共需要端接 12000 次，端接线芯 96000 次，如果操作人员端接线芯的线序和接触不良的错误率按 1% 计算，将会有 960 个线芯出现端接错误。假如这些错误平均出现在不同的信息点或者永久链路，其结果是这个项目可能有 960 个信息点出现链路不通。这样一来，这 1000 个信息点的综合布线工程竣工后，仅链路不通这一项错误将高达 96%，而且永久链路的这些线序或者接触不良错误很难及时被发现和维修，往往需要花费几倍的时间和成本才能解决，造成非常大的经济损失，严重时将直接导致该综合布线系统无法验收和正常使用。因此，需要熟练掌握配线端接技术，保证现场配线端接的施工质量达到1000‰，如图4-2、图4-3所示。

图4-2　凌乱的配线与端接　　　　　　　　图4-3　规范整齐的配线与端接

4.1.2　配线端接技术原理

目前网络系统使用的电缆都是四对网络双绞线，每根双绞线有线芯，每芯都有外绝缘层，如果像电气工程那样将每芯线剥开外绝缘层直接拧接或者焊接在一起，不仅工程量大，而且将严重破坏双绞节距，因此在网络施工中坚决不能采取电工式接线方法。

综合布线系统网络模块和配线架的配线端接基本原理，是将线芯用机械力量压入两个金属刀片中，在压入过程中刀片将绝缘护套划破与铜线芯紧密接触，同时金属刀片的弹性将铜线芯长期夹紧，从而实现长期稳定的电气连接，如图4-4所示。

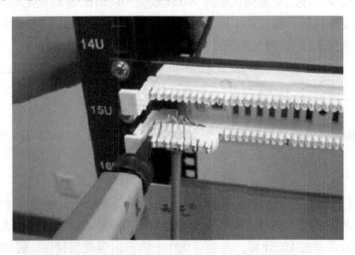

图4-4　使用打线工具将线芯卡入110 5对连接块中

4.1.3　网络双绞线剥线基本方法

网络双绞线配线端接的正确方法和程序如下：

1）剥开外绝缘护套。首先剪裁掉端头破损的双绞线，使用专门的剥线工具剥开需要端接的双绞线端头的外绝缘护套。端头剥开长度尽可能短一些，能够方便地端接线就可以了，如图 4-5a 所示。在剥护套过程中不能对线芯的绝缘护套或者线芯造成损伤或者破坏，如图 4-5b 所示。

注意：不能损伤 8 根线芯的绝缘层，更不能损伤任何一根铜线芯。

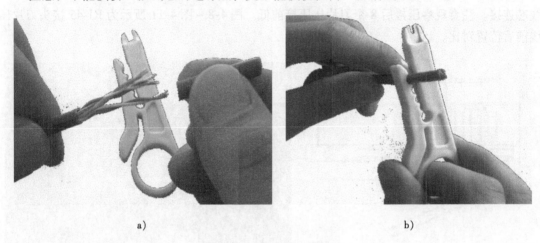

a)　　　　　　　　　　　　　　　　　　　b)

图 4-5　剥开外绝缘护套

a）使用剥线工具剥线　b）剥开外绝缘护套

2）拆开 4 对双绞线。将端头已经剥去外皮的双绞线按照对应颜色拆开成为 4 对单绞线。拆开 4 对单绞线时，必须按照绞绕顺序慢慢拆开，同时保护 2 根单绞线不被拆开和保持比较大的曲率半径，图 4-6 所示为正确的操作结果。不能强行拆散或者硬折线对，形成比较小的曲率半径。图 4-7 表示已经将一对绞线硬折成很小的曲率半径。

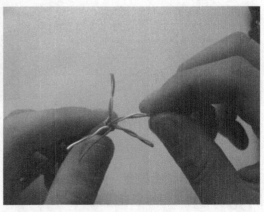

图 4-6　拆开 4 对双绞线　　　　　　　　　**图 4-7　硬折线对**

3）拆开单绞线。将 4 对单绞线分别拆开。注意：制作 RJ-45 接头和模块压接线时线对的拆开方式和长度不同。模块压接时，双绞线压接处拆开线段长度应该尽量短，能够满足压接就可以了，不能为了压接方便拆开很长线芯，因为线芯过长会引起较大的近端串扰。

4.1.4 RJ-45 接头端接原理和方法

1. 端接原理

利用压线钳的机械压力使 RJ-45 接头中的刀片首先压破线芯绝缘护套，然后再压入铜线芯中，实现刀片与铜线芯的长期电气连接。每个 RJ-45 接头中有 8 个刀片，每个刀片与 1 个线芯连接。注意观察压接后 8 个刀片比压接前低。图 4-8 ~ 图 4-11 所示为 RJ-45 接头刀片压线前后位置对比。

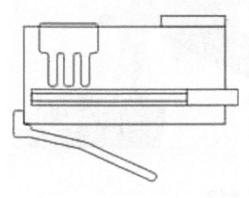

图 4-8 RJ-45 接头刀片压线前位置示意图

图 4-9 RJ-45 接头刀片压线前位置实物图

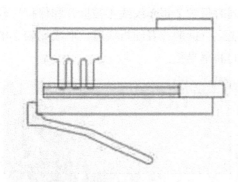

图 4-10 RJ-45 接头刀片压线后位置示意图

图 4-11 RJ-45 接头刀片压线后位置实物图

2. 端接方法

1）剥开外绝缘护套，拆开 4 对双绞线。先将已经剥去绝缘护套的 4 对单绞线分别拆开相同长度，将每根线轻轻捋直。

2）将 8 根线排好线序，并剪齐线端。按照 568B 线序（白橙、橙、白绿、蓝、白蓝、绿、白棕、棕）水平排好，如图 4-12a 和图 4-12b 所示。将 8 根线端头一次剪掉，留 13mm 长度，从线头开始，至少 10mm 导线之间不应有交叉，如图 4-12c 所示。

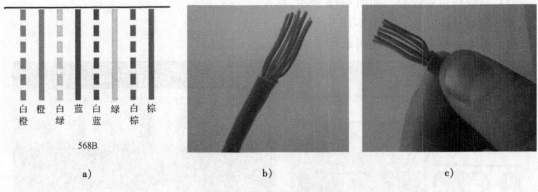

图 4-12　剥开外绝缘护套

a) 568B 线序图　　b) 剥开并排好 568B 线序　　c) 剪齐双绞线

3）插入 RJ-45 接头，并用压线钳压接。将双绞线插入 RJ-45 接头内，如图 4-13a 所示。注意一定要插到底，如图 4-13b 所示。

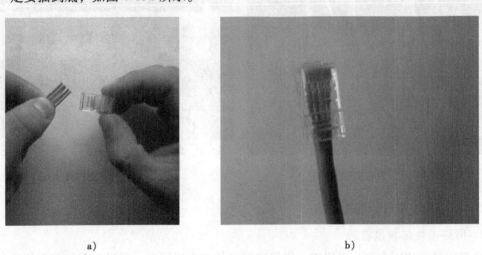

图 4-13　插入 RJ-45 接头

a) 双绞线插入 RJ-45 接头　　b) 全部插入接头

3. 端接要求

进行网络模块端接时，根据网络模块的结构，按照端接顺序和位置将每对绞线拆开并且端接到对应的位置，每对线拆开绞绕的长度越短越好，不能为了端接方便将线对拆开很长，特别在 6 类、7 类系统端接时这一点非常重要，会直接影响永久链路的测试结果和传输速率。

进行模块端接时要求线序正确，压接到位，剪掉端头和牵引线。

4. 常见故障

1）拆开长度不符合《综合布线系统工程验收规范》GB 50312—2016 的规定，如图 4-14 所示。

2）线序错误。

3）双绞线位置偏心，如图 4-15 所示。

4）没有剪掉端头，如图 4-16 所示。

5）没有剪掉牵引线，如图 4-17 所示。

图 4-14　拆开长度过长

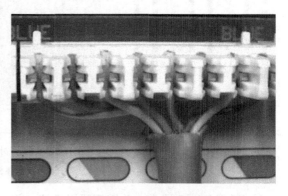

图 4-15　双绞线位置偏心

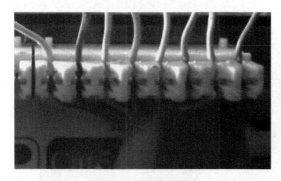

图 4-16　没有剪掉端头

图 4-17　没有剪掉牵引线

4.1.5　网络模块端接原理和方法

1. 网络模块端接原理

利用压线钳的压力将 8 根线逐一压接到模块的 8 个接线口，同时裁剪掉多余的线头。在压接过程中首先用刀片快速划破线芯绝缘护套，与铜线芯紧密接触，实现刀片与线芯的电气连接，这 8 个刀片通过电路板与 RJ-45 接头的 8 个弹簧连接。图 4-18 所示为模块刀片压线前位置图，图 4-19 所示为模块刀片压线后位置图。

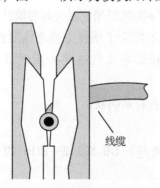

图 4-18　模块刀片压线前位置图

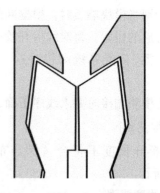

图 4-19　模块刀片压线后位置图

2. 网络模块端接方法和步骤

1）剥开外绝缘护套。

2）拆开 4 对双绞线。

3）拆开单绞线。

4）按照线序放入端接口，如图 4-20 所示。

5）压接和剪线，如图 4-21 所示。

6）盖好防尘盖，如图 4-22 所示。

7）永久链路测试。

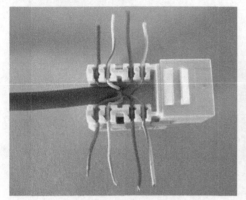

图 4-20   放入端接口

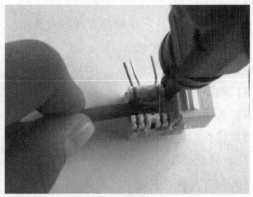

图 4-21   压接和剪线

图 4-22   盖好防尘盖

4.1.6   5 对连接块端接原理和方法

通信配线架一般使用五对连接块，5 对连接块中间有 5 个双头刀片，每个刀片两头分别压接一根线芯，实现两根线芯的电气连接。

5 对连接块上层端接与模块原理相同。将线逐一放到上部对应的端接口，在压接过程中首先用刀片快速划破线芯绝缘护套，然后与铜线芯紧密接触，实现刀片与线芯的电气连接，这样 5 对连接块刀片两端都压好线，实现了两根线的可靠电气连接，同时裁剪掉多余的线头。图 4-23 所示为模块压接线前的结构，图 4-24 所示为模块压接线后的结构。

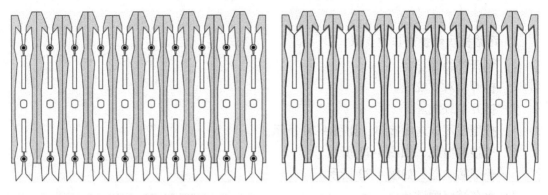

图 4-23　5 对连接模块压接线前的结构　　　　图 4-24　5 对连接模块压接线后的结构

1. 5 对连接模块下层端接方法和步骤

1）剥开外绝缘护套。

2）剥开 4 对双绞线。

3）剥开单绞线。

4）按照线序放入端接口。

5）将 5 对连接块压紧并且裁线。

2. 5 对连接模块上层端接方法和步骤

1）剥开外绝缘护套。

2）剥开 4 对双绞线。

3）剥开单绞线。

4）按照线序放入端接口。

5）压接和剪线。

6）盖好防尘盖。

4.1.7　网络机柜内部配线端接

　　一般网络机柜的安装尺寸执行《通信设备用综合集装架》YD/T 1819—2016 标准，具体安装尺寸如图 4-25 所示。

　　常见的机柜内配线架安装实物图如图 4-26 所示。

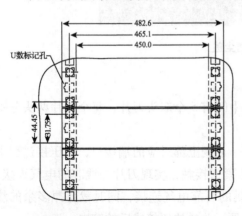

图 4-25　网络机柜的安装尺寸

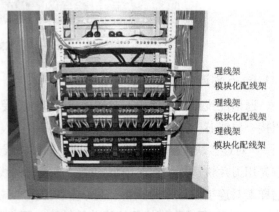

图 4-26　机柜内配线架安装实物图

机柜内部配线端接根据设备的安装情况进行，一般网络线缆进入机柜是直接将线缆按照顺序压接到网络配线架上，然后从网络配线架上做跳线与网络交换机连接。

4.1.8 巩固实训

实训 1：RJ-45 接头端接和跳线制作及测试

实训步骤如下：

1）剥线。用双绞线剥线器将双绞线外绝缘护套剥去 2~3cm，如图 4-27 所示。

2）抽取双绞线外绝缘护套，如图 4-28 所示。

3）拆开 4 对双绞线，如图 4-29 所示。

视频操作 4-1

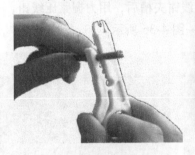

图 4-27　剥线

图 4-28　抽取护套

图 4-29　拆线

4）排线。将绿色线对与蓝色线对放在中间位置，而橙色线对与棕色线对放在靠外的位置，形成左一橙、左二蓝、左三绿、左四棕的线对次序，如图 4-30 所示。

5）理线。小心地剥开每一线对（开绞），并将线芯按 T568B 标准排序，特别是要将白绿线芯从蓝和白蓝线对上交叉至 3 号位置，将线芯拉直压平、挤紧理顺，注意要朝一个方向紧靠，如图 4-30 所示。

6）剪齐线端。将裸露出的双绞线芯用压线钳、剪刀、斜口钳等工具整齐地剪好，只剩下约 13mm 的长度，如图 4-31 所示。

7）插入 RJ-45 接头。一只手以拇指和中指捏住 RJ-45 接头，并用食指抵住，接头的方向是金属引脚朝上、弹片朝下。另一只手捏住双绞线，用力缓缓将双绞线 8 条导线依序插入，并一直插到 8 个凹槽顶端，如图 4-32 所示。

8）检查。检查接头正面，查看线序是否正确；检查接头顶部，查看 8 根线芯是否都顶到顶部，如图 4-33 所示。

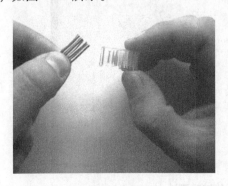

图 4-30　排线

图 4-31　剪线

图 4-32　插入 RJ-45 接头

图 4-33　检查

9）压接 RJ-45 接头。确认无误后，将 RJ-45 接头推入压线钳夹槽后，用力握紧压线钳，将突出在外面的针脚全部压入接头内，完成连接，如图 4-34 ～图 4-36 所示。

图 4-34　将 RJ-45 接头推入压线钳

图 4-35　用力压接

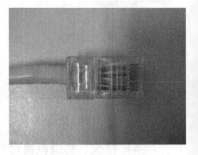

图 4-36　完成效果图

10）制作跳线。用同一标准在双绞线另一侧安装 RJ-45 接头，完成直通网络跳线的制作。另一侧用 T568A 标准安装 RJ-45 接头，则完成一条交叉网线的制作。

11）跳线测试。用综合布线实训台上的测试装置或工具箱中的简单线序测试仪对网络进行测试，会有直通网线通过、交叉网线通过、开路、短路、反接、跨接等显示结果。如果跳线线序和压接正确，上下对应的 8 组指示灯会按照 1-1、2-2、3-3、4-4、5-5、6-6、7-7、8-8 的顺序轮流闪烁，如图 4-37 所示。

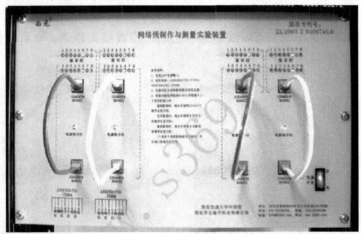

图 4-37　网络跳线测试

　　RJ-45 接头的保护胶套可防止跳线拉扯时造成接触不良，如果接头使用这种胶套，需在连接 RJ-45 接头之前将胶套插在双绞线电缆上，连接完成后再将胶套套上。

12）完成实训内容后，填写实训报告 6，并交由教师审核。（详见附录）

实训 2：制作信息模块及安装信息插座

网络模块端接方法和步骤如下（见图 4-38）：

1）剥开外绝缘护套。

2）拆开 4 对双绞线。

3）拆开单绞线。

4）按照 568B 标准线序将线放入端接口。

5）注意压接和剪线方向，只能剪掉端头。

6）盖好防尘盖。

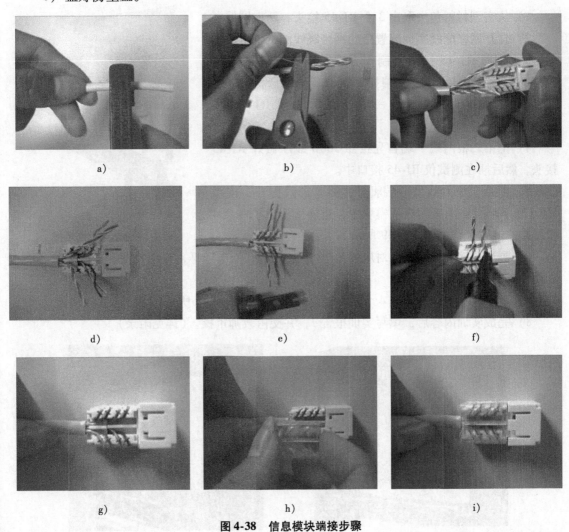

a)　　　　　　　　　　b)　　　　　　　　　　c)

d)　　　　　　　　　　e)　　　　　　　　　　f)

g)　　　　　　　　　　h)　　　　　　　　　　i)

图 4-38　信息模块端接步骤

注：a）把线的外皮用剥线器剥去 2~3cm　b）用剪刀把撕剥绳剪掉　c）按照模块上的 568B 标准线序分好线对，并放入相应的位置　d）各个线对不用打开　e）直接检查各线对是否正确　f）用单口打线钳逐条压入并打断多余的线　g）再检查一次线序　h）无误后给模块安装防尘盖　i）一个模块安装完毕

信息插座的安装步骤如下：

1）将双绞线从线槽或线管中通过进线孔拉入到信息插座底盒中。

2）为便于端接、维修和变更，线缆从底盒拉出后预留 15cm 左右后将多余部分剪去。

3）端接信息模块。

4）将多余线缆盘于底盒中。

5）将信息模块插入面板中。

6）合上面板，紧固螺钉，插入标识，完成安装。

可参考实训报告 1，完成实训内容。（详见附录）

实训 3：打线训练

永久链路端接（见图 4-39）步骤如下：

视频操作 4-2

1）从实训材料包中取出 3 个 RJ-45 接头、两根网线。

2）打开网络配线实训装置上的网络跳线测试仪电源。

3）按照 RJ-45 接头的制作方法，制作第一根网络跳线，两端用 RJ-45 接头端接，测试合格后将一端插在测试仪 RJ-45 口中，另一端插在配线架 RJ-45 接口中。

4）把第二根网线一端首先按照 568B 线序做好 RJ-45 接头，然后插在测试仪 RJ-45 接口中。

5）把第二根网线另一端剥开，将 8 芯线拆开，按照 568B 线序端接在网络配线架模块中，这样就形成了一个 4 次端接的永久链路，如图 4-39 所示。

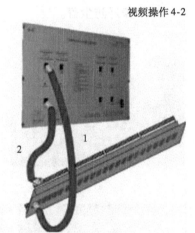

图 4-39　永久链路端接

6）测试压接好模块后，对应的 8 组 16 个指示灯依次闪烁，显示线序和电气连接情况，如图 4-40 所示。

7）重复以上步骤，完成 4 个网络链路并测试，如图 4-41 所示。

8）完成实训内容后，填写实训报告 7，并交由教师审核。（详见附录）

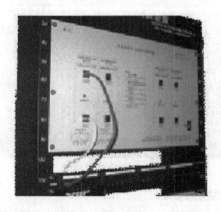

图 4-40　测试

图 4-41　完成 4 个网络链路

网络模块原理端接步骤如下：

1）取出网线。

2）剥开外绝缘护套。利用剥线器将双绞线一端剥去外绝缘护套 2cm，在剥 视频操作 4-3
护套过程中不能对线芯的绝缘层或者线芯造成损伤或者破坏。

3）将 4 对双绞线分别拆开。

4）打开网络压接线实验仪电源。

5）按照线序放入端接口并且端接。端接顺序按照 568B 从左到右依次为白橙、橙、白绿、蓝、白蓝、绿、白棕、棕。

6）另一端端接。重复步骤 5），将网线另一端 8 芯线逐一压接到实验仪上边对应的连接块刀口中，实现电气连接。

7）故障模拟和排除：在端接每根线时，注意观察对应的指示灯。

8）重复以上操作，完成全部 6 根网线的端接。在压接过程中，必须仔细观察对应的指示灯。如果压接完线芯，对应指示灯不亮，说明上下两排中有 1 芯线没有压接好，必须重复压接，直到指示灯亮，如图 4-42 所示。

9）完成实训内容后，填写实训报告 8，并交由教师审核。（详见附录）

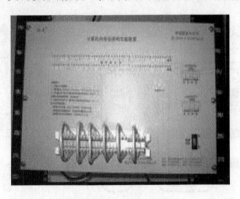

图 4-42　指示灯亮

实训 4：组建基本永久链路实训

具体链路连接示意图如图 4-43、图 4-44 所示，连接步骤如下：

视频操作 4-4

1）准备材料和工具，打开电源开关。

2）按照 RJ-45 接头的制作方法，制作第一根网络跳线，两端用 RJ-45 接头端接，测试合格后将其一端插在测试仪下部的 RJ-45 口中，另一端插在配线架 RJ-45 口中。

3）把第二根网线一端按照 568B 线序端接在网络配线架模块中，另一端端接在 110 通信跳线架下层，并且压接好 5 对连接块。

4）把第三根网线一端端接好 RJ-45 接头，插在测试仪上部的 RJ-45 口中，另一端端接在 110 通信跳线架模块上层，端接时对应指示灯直观显示线序和电气连接情况。

完成上述步骤就形成了 6 次端接的一个永久链路。

5）测试。压接好模块后，对应的 8 组 16 个指示灯依次闪烁，显示线序和电气连接情况。

6）重复上述步骤，完成 4 个网络永久链路并测试。

7）完成实训内容后，填写实训报告 9，并交由教师审核。（详见附录）

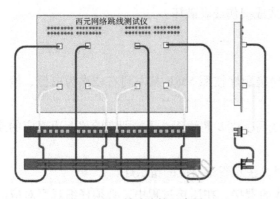

图 4-43　链路连接示意图

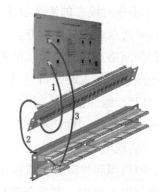

图 4-44　链路连接立体示意图

实训 5：110 通信跳线架端接（组建复杂链路）

具体链路连接示意图如图 4-45、图 4-46 所示，端接步骤如下：

视频操作 4-5

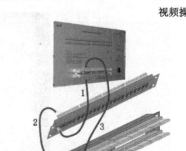

图 4-45　链路连接示意图　　　　　　　　图 4-46　链路连接立体示意图

1）从实训材料包中取出 3 根网线，打开压接线实验仪电源。

2）完成第一根网线端接，一端进行 RJ-45 接头端接，另一端与通信跳线架模块端接。

3）完成第二根网线端接，一端与网络配线架模块端接，另一端与通信跳线架模块下层端接。

4）完成第三根网线端接，把两端分别与两个通信跳线架模块的上层端接，这样就形成了一个有 6 次端接的网络链路，对应的指示灯直观显示线序，如图 4-47 所示。

5）端接过程中，仔细观察指示灯，及时排除端接中出现的开路、短路、跨接、反接等常见故障，如图 4-48 所示。

6）重复步骤 1）～5），完成其余 5 根网线端接，如图 4-49 所示。

7）完成实训内容后，填写实训报告 10，并交由教师审核。（详见附录）

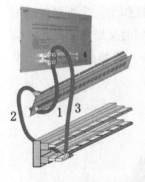

图 4-47　端接链路

图 4-48　观察指示灯

图 4-49　完成其余网线端接

实训 6：标准网络机柜和设备的安装

实训步骤如下：

1）设计网络机柜施工安装图，用 Visio 设计机柜设备安装位置图，如图 4-50 所示。

2）器材和工具准备。设备开箱，按照装箱单检查数量和规格。

3）机柜的安装。按照开放式机柜的安装图纸对底座、立柱、帽子、电源等进行装配，保证立柱安装垂直、牢固。

4）设备的安装。按照步骤 1）设计的施工图安装全部设备，保证每台设备位置正确、左右整齐和平直。

5）检查和通电。设备安装完毕后，按照施工图仔细检查，确认全部符合施工图要求后接通电源进行测试。

6）可参考实训报告 5，完成实训内容。（详见附录）

4.2　光纤熔接工程实践

4.2.1　光纤概述

1. 光纤的概念

光纤是传输光的纤维波导或光导纤维的简称。光纤是一种将信息从一端传送到另一端的媒介，是

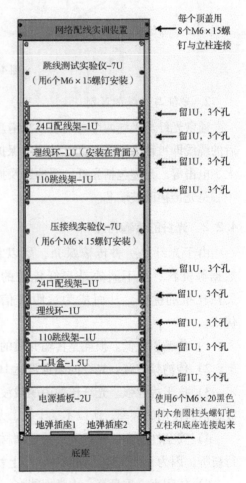

图 4-50　机柜设备安装位置图

一条玻璃或塑胶纤维，作为让信息通过的传输媒介。其典型结构是多层同轴圆柱体，如图 4-51 所示，自内向外为纤芯、包层和涂覆层。其核心部分是纤芯和包层，其中纤芯由高度透明的材料制成，是光波的主要传输通道；包层的折射率略小于纤芯，使光的传输性能相对稳

定。纤芯粗细、纤芯材料和包层材料的折射率，对光纤的特性起决定性作用。涂覆层包括一次涂覆、缓冲层和二次涂覆，保护光纤不受水汽的侵蚀和机械擦伤，同时又增加了光纤的柔韧性，起着延长光纤寿命的作用。由纤芯和包层组成的光纤称为裸纤。熔接时，放在 V 形槽内的就是裸纤。

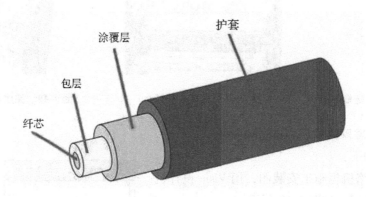

图 4-51　光纤的结构

2. 光纤与光缆的区别

通常光纤与光缆两个名词会被混淆。光纤在实际使用前外部由几层保护结构包覆，包覆后的缆线即被称为光缆。光纤外层的保护层和绝缘层可防止恶劣环境对光纤的伤害，如水、火、电击等。光缆包括光纤、缓冲层及披覆。光纤和同轴电缆相似，只是没有网状屏蔽层，中心是光传播的玻璃芯。

4.2.2　光纤的传输特点

由于光纤是一种传输媒介，所以它可以像一般铜缆线那样传送电话通话或计算机数据等资料，所不同的是光纤传送的是光信号而非电信号。光纤传输具有同轴电缆无法比拟的优势，从而成为远距离信息传输的首选设备。光纤具有如下一些独特的优点。

1）传输损耗低。损耗是传输介质的重要特性，它只决定了传输信号所需中继的距离。

2）传输频带宽。光纤的频宽可达 1GHz 以上。

3）抗干扰性强。光纤传输中的载波是光波，它是频率极高的电磁波，远远高于一般电波通信所使用的频率，所以不受干扰，尤其是强电干扰。

4）安全性能高。光纤采用的玻璃材质，不导电，防雷击；无法像用电缆一样用光纤进行窃听，因为一旦光缆遭到破坏，马上就会被发现，因此其安全性更强。

5）体积小，重量轻，力学性能好。光纤细小如丝，重量相当轻，即使是多芯光缆，重量也不会因为芯数增加而成倍增长，而电缆的重量一般都与外径成正比。

6）光纤传输寿命长，普通视频线缆寿命最多为 10～15 年，而光缆的使用寿命长达 30～50年。

4.2.3　光纤熔接工程技术

1. 光纤熔接技术原理

光纤熔接技术是将需要熔接的光纤放在光纤熔接机中，对准需要熔接的部位进行高压放电，产生热量将两根光纤的端头处熔接，合成一段完整的光纤，如图 4-52、图 4-53 所示。这种方法快速准确，接续损耗小，一般小于 0.1dB，而且可靠性高，是目前使用最为普遍的一种方法。

图 4-52　光纤熔接示意图

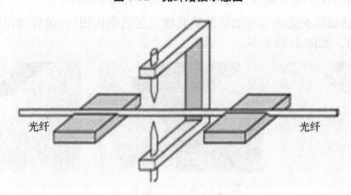

图 4-53　光纤熔接原理

2. 光纤熔接的过程和步骤

（1）开剥光缆，并将光缆固定到接续盒内

在开剥光缆之前应去除受损变形的部分，使用专用开剥工具，将光缆外护套开剥 1m 左右，如遇铠装光缆，用老虎钳将铠装光缆护套里的护缆钢丝夹住，利用钢丝线缆外护套开剥，并将光缆固定到接续盒内，用卫生纸将油膏擦拭干净后，穿入接续盒。固定钢丝时一定要压紧，不能有松动，否则有可能造成光缆打滚，折断纤芯。注意：剥光缆时不要伤到束管。

光缆有室内和室外之分，室内光缆借助工具很容易开缆。由于室外光缆内部有钢丝拉线，故给开缆增加了一定的难度。这里介绍室外开缆的一般方法和步骤，具体如下：

1）在光缆开口处找到光缆内部的两根钢丝，用斜口钳剥开光缆外皮，用力向侧面拉出一小截钢丝，如图 4-54 所示。

2）一只手握紧光缆，另一只手用老虎钳夹紧钢丝，向身体内侧旋转，拉出钢丝，如图 4-55 所示。用同样的方法拉出另外一根钢丝，两根钢丝都旋转拉出，如图 4-56 所示。

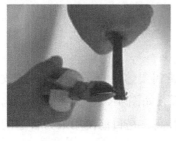

图 4-54 剥开外皮

图 4-55 拉出钢丝

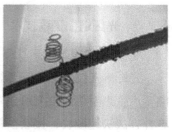

图 4-56 拉出两根钢丝

3）用老虎钳将任意一根旋转钢丝剪断，留一根以备在光纤配线盒内固定。当两根钢丝拉出后，外部的黑皮保护套就被拉开了，用手剥开保护套，然后用斜口钳剪掉拉开的黑皮保护套，如图 4-57 所示，然后用剥线钳将其剪剥后抽出。

4）用剥线钳将保护套剪剥开，如图 4-58 所示，并将其抽出。

注意：由于这层保护套内部有油状的填充物（起润滑作用），故应该用棉球擦干。

5）完成开缆，如图 4-59 所示。

图 4-57 剥开保护套

图 4-58 抽出保护套

图 4-59 完成开缆

（2）光纤的熔接

1）剥光纤与清洁。

① 剥尾纤。可以使用光纤跳线，从中间剪断后，成为尾纤进行操作。一只手拿好尾纤一端，另一只手拿好光纤剥线钳，如图 4-60 所示，用剥线钳剥开尾纤外皮，然后抽出外皮，可以看到光纤的白色护套，如图 4-61 所示。

注意：剥出的白色保护套长度为 15cm 左右。

② 将光纤在食指上轻轻环绕一周，用拇指按住，留出 4cm，然后用光纤剥线钳剥开光纤保护套，在切断白色外皮后，缓缓将外皮抽出，此时可以看到透明状的光纤，如图 4-62 所示。

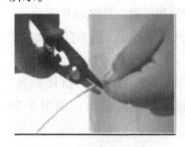

图 4-60 剥开尾纤外皮

图 4-61 抽出外皮

图 4-62 剥开光纤保护套

③ 用光纤剥线钳的最细小的口，轻轻地夹住光纤，缓缓地把剥线钳抽出，将光纤上的树脂保护膜刮下，如图 4-63 所示。

④ 用酒精棉球蘸无水酒精，对剥掉树脂保护套的裸纤进行清洁，如图 4-64、图 4-65 所示。

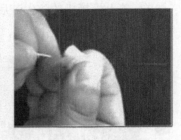

图 4-63　刮下树脂保护膜　　　　　图 4-64　酒精棉球　　　　　图 4-65　清洁裸纤

2）切割光纤与清洁。

① 安装热缩套管。将热缩套管套在一根待熔接光纤上，熔接后保护接点，如图 4-66 所示。

② 制作光纤端面。

- 用剥线钳剥去光纤被覆层 30～40mm，用干净的酒精棉球擦去裸纤上的污物。

- 用高精度光纤切割刀将裸纤切去一段，保留 12～16mm。

- 将安装好热缩套管的光纤放在光纤切割刀中较细的导向槽内，如图 4-67 所示。

- 依次放下大小压板，如图 4-68 所示。

- 左手固定切割刀，右手扶着刀片盖板，并用大拇指迅速向远离身体的方向推动切割刀刀架，如图 4-69 所示，此时就完成了光纤的切割。

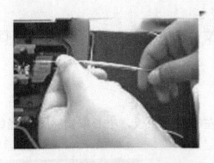

图 4-66　安装热缩套管　　　　　图 4-67　将光纤放入切割刀导向槽

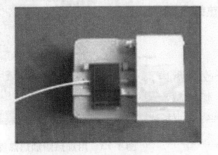

图 4-68　放下大小压板　　　　　图 4-69　光纤切割

3）安放光纤。

① 打开熔接机防尘盖使大压板复位，显示器显示"请安放光纤"。

② 分别打开光纤大压板，将切好端面的光纤放入 V 形载纤槽，光纤端面不能触到 V 形载纤槽底部，如图 4-70 所示。

③ 盖上熔接机的防尘盖后，如图 4-71 所示。检查光纤的安放位置是否合适，在屏幕上显示两边光纤位置居中为宜，如图 4-72 所示。

图 4-70　将光纤放入 V 形载纤槽

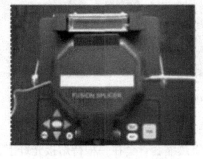
图 4-71　盖上防尘盖

图 4-72　检查安装位置

4）熔接。进行熔接机自动熔接的具体步骤如下：

① 检查确认"熔接光纤"项选择正确。

② 做光纤端面。

③ 打开防尘盖及光纤大压板，安装光纤。

④ 盖上防尘盖，则熔接机进入"请按键，继续"操作界面，按"RUN"键，熔接机进入全自动工作过程：自动清洁光纤、检查端面、设定间隙，进行纤芯准直、放电熔接和接点损耗估算，最后将接点损耗估算值显示在显示屏上。

⑤ 当接点损耗估算值显示在显示屏上时，按"FUNCTION"键，显示器可进行 X 轴或 Y 轴放大图像的切换显示。

⑥ 按下"RUN"键或"TEST"键完成熔接。

5）加热热缩套管。

① 取出熔接好的光纤。依次打开防尘盖、左右光纤压板，小心取出接好的光纤，避免碰到电极。

② 移放热缩套管。将事先装套在光纤上的热缩套管小心地移到光纤接点处，使两光纤被覆层留在热缩套管中的长度基本相等。

③ 加热热缩套管，如图 4-73 所示。

6）盘纤固定。将接续好的光纤盘到光纤收容盘内，如图 4-74 所示。在盘纤时，盘圈的半径越大、弧度越大，整个线路的损耗越小。所以一定要保持一定的半径，使激光通过光纤传输时，不产生一些不必要的损耗。

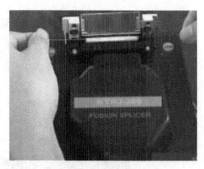
图 4-73　用加热炉加热热缩套管

7）盖上盘纤盒盖板。盘纤完毕后，盖上盘纤盒盖板，如图 4-75 所示。

　　8）密封和挂起。在野外熔接时，接续盒一定要密封好，防止进水。接续盒进水后，由于光纤及光纤熔接点长期浸泡在水中，可能会出现部分光纤衰减增加。最好将接续盒做好防水措施并用挂钩挂在吊线上。至此，光纤熔接完成。

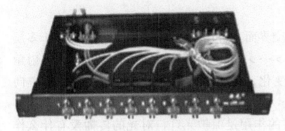

图 4-74　盘纤固定　　　　　　　　　　　图 4-75　盖上盘纤盒盖板

　　3. 光缆接续质量检查

　　在熔接的整个过程中，保证光纤的熔接质量、减小因盘纤带来的附加损耗和封盒可能对光纤造成的损害，决不能仅凭肉眼进行好坏判断：

　　1）熔接过程中应对每一芯光纤进行实时跟踪检测，检查每一个熔接点的质量。

　　2）每次盘纤后，对所盘光纤进行例检，以确定盘纤带来的附加损耗。

　　3）封接续盒前对所有光纤进行统一测定，查明有无漏测和光纤预留空间对光纤及接头有无挤压。

　　4）封盒后，对所有光纤进行最后检测，以检查封盒是否对光纤有损害。

　　4. 影响光纤熔接损耗的主要因素

　　影响光纤熔接损耗的因素较多，大体可分为光纤本征因素和非本征因素两类。

　　光纤本征因素是指光纤自身因素，主要有以下 4 点。

　　1）光纤模场直径不一致。

　　2）两根光纤芯径失配。

　　3）纤芯截面不圆。

　　4）纤芯与包层同心度不佳。

　　影响光纤接续损耗的非本征因素即接续技术，包括以下几项。

　　1）轴心错位。单模光纤纤芯很细，两根对接光纤轴心错位会影响接续损耗。

　　2）轴心倾斜。当光纤断面倾斜 1°时，约产生 0.6dB 的接续损耗。如果要求接续损耗 ≤0.1dB，则单模光纤的倾角应≤0.3°。

　　3）端面分离。活动连接器的连接不好，很容易产生端面分离，造成连接损耗大。

　　4）端面质量。光纤端面的平整度差时也会产生损耗，甚至气泡。

　　5）接续点附近光纤物理变形。架设过程中光缆的拉伸变形、接续盒中夹固光缆压力太大等，都会对接续损耗有影响，甚至熔接几次都不能改善。

　　6）其他因素的影响。其他因素包括接续人员操作水平、操作步骤、盘纤工艺水平、熔接机中电极清洁程度、熔接参数设置、工作环境清洁程度等，均会影响熔接损耗。

4.2.4 光纤的传输原理和工作过程

1. 光纤传输原理

光波在光纤中的传播过程是利用光的折射和反射原理来进行的。一般来说，纤芯的直径要比传播光的波长大几十倍以上，因此利用几何光学的方法定性分析是足够的，而且对问题的理解也很简明、直观。

当一束光纤投射到两个不同折射率的介质交界面上时，发生折射和反射现象。对于多层介质形成的一系列界面，若折射率 $n_1 > n_2 > n_3 > \cdots > n_m$，则入射光线在每个界面上的入射角逐渐加大，直到形成全反射。由于折射率的变化，入射光线受到偏转的作用，传播方向改变。

光纤由纤芯、包层和涂覆层组成。涂覆层的作用是保护光纤，对光的传播没有什么作用。纤芯和包层的折射率不同，折射率的分布主要有两种形式：连续分布型（又称梯度分布型）和间断分布型（又称阶跃分布型）。

2. 光纤传输过程

首先由发光二极管 LED 或注入型激光二极管 ILD 发出光信号沿光媒体传播，在另一端则由 PIN 或 APD 光敏二极管作为检波器接收信号。对光载波的调制为移幅键控法，又称亮度调制（Intensity Modulation）。

典型的做法是在给定的频率下，以光的出现和消失来表示两个二进制数字。发光二极管 LED 和注入型激光二极管 ILD 的信号都可以用这种方法调制，PIN 和 ILD 检波器直接响应亮度调制。功率放大——将光放大器置于光发送端之前，以提高入纤的光功率，使整个线路系统的光功率得到提高。在线中继放大——建筑群较大或楼间距离较远时，可起中继放大作用，提高光功率。前置放大——在接收端的光电检测器之后对微信号进行放大，以提高接收能力。

3. 光纤冷接技术

（1）冷接的基本原理

光纤冷接技术也称为机械接续，是把两根处理好端面的光纤固定在高精度 V 形槽中，通过外径对准的方式实现光纤纤芯的对接，同时利用 V 形槽内的光纤匹配液填充光纤切割不平整所形成的端面间隙，这一过程完全无源，因此被称为冷接。作为一种低成本的接续方式，光纤冷接技术在 FTTX 的户线光纤（即皮线光缆）维护工作中有一定的适用性。

1）V 形槽。无论是光纤冷接子，还是连接器，要实现纤芯的精确对接，就必须要将比头发丝还细的光纤固定住，这就是 V 形槽的作用，如图 4-76 所示。

2）匹配液。对接的两段光纤的端面之间，经常并不能完美无隙地贴在一起，匹配液的作用就是填补它们之间的间隙。它是一种透明无色的液体，折射率与光纤大体相当，可以弥补

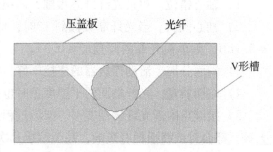

图 4-76　压板式 V 形槽的结构示意图

光纤切割缺陷引起的损耗，有效降低菲涅尔反射，如图 4-77 所示。匹配液通常密封在 V 形槽内，以免流失。

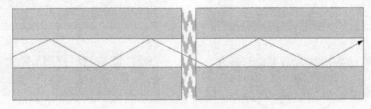

图 4-77　光纤与匹配液中光信号传播的示意图

3）光纤端面。常见的光纤端面分为平面和球面，不常见的还有斜面。通常使用光纤切割刀切割出来的端面为平面，球面则需要用更为复杂的刀具和工艺处理，在现场制作的端面一般都是平面，而在工厂里制作的端面，如连接器的预埋光纤端面，则为球面。

两段光纤端面之间的接续方式分为以下 4 类。

① 平面—平面冷接续方式。平面—平面冷接续方式是指光纤接续点两端均为切制的平面，如图 4-78 所示。对接时要加入匹配液弥补接续空隙，实现光信号的低损导通。

适用范围：光纤冷接子和光纤快速接续连接器。

② 球面—平面冷接续方式。球面—平面冷接续方式是指光纤接续点一端为研磨的球面，另一端为现场切制的平面，如图 4-79 所示。对接时根据产品结构的不同，可选择性加入匹配液来弥补接续空隙。它是目前高品质产品主要采用的冷接续方式。

适用范围：现场光纤快速接续连接器、现场光纤快速接续连接器设备接口。

③ 球面—球面冷接续方式。球面—球面冷接续方式是指光纤接续点两端均为研磨的球面，如图 4-80 所示，对接时不用加入匹配液来弥补接续空隙。这种方式在活动连接器中大量使用，而用于现场冷接最初是在 20 世纪 80 年代。

适用范围：光纤活动连接器、光纤冷接子和现场光纤快速接续连接器。

④ 斜面—斜面冷接续方式。斜面—斜面冷接续方式是指光纤接续点两端均为研磨或切制的斜面，如图 4-81 所示，需在接续点加入匹配液来弥补接续空隙。它主要用于对回波损耗要求较高的 CATV 模拟信号的传输，一般用在 APC 活动连接器上，用在现场冷接续技术领域只是刚刚开始。

适用范围：APC 型光纤活动连接器、光纤冷接子或现场快速接续连接器。

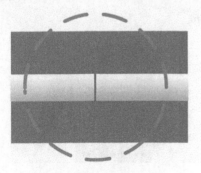

图 4-78　平面—平面接续

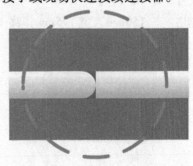

图 4-79　球面—平面接续

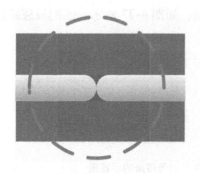

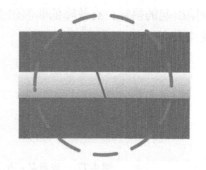

图 4-80　球面—球面接续　　　　　　　　图 4-81　斜面—斜面接续

（2）快速连接器的结构原理

1）直通型快速连接器。如图 4-82 所示，这种连接器内不需要预置光纤，也无须匹配液，只需将切割好的纤芯插入套管用紧固装置加固即可，最终的光纤端面就是现场切割刀切割的平面型光纤端面。直通型快速连接器内部无接续点和匹配液，不会由于匹配液的流失而影响使用寿命，也不存在因使用时间过长导致匹配液变质等问题。

2）预埋型快速连接器。如图 4-83 所示，这种连接器的插针内预埋有一段两端面研磨好的（球面型）光纤，与插入的光纤在 V 形槽内对接，V 形槽内填充有匹配液，最终陶瓷插针处的光纤端面是预埋光纤的球形端面。预埋型快速连接器光纤端面是符合行业标准的研磨端面，可以满足端面几何尺寸，而直通型快速连接器的光纤端面几何尺寸无法满足行业标准的要求。

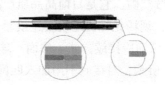

图 4-82　直通型快速连接器　　　　　　图 4-83　预埋型快速连接器（蓝色为预置光纤）

4. 光纤熔接机

在学习光纤熔接技术之前，首先要了解光纤熔接工具——光纤熔接机，如图 4-84 所示。下面对其进行介绍。

产品名称：光纤熔接机。

产品型号：KYRJ-369。

产品规格：长 150mm，宽 175mm，高 195mm。

图 4-84　光纤熔接机

产品特点：

1）本机采用高速图像处理技术和特殊的精密定位技术，可以使光纤熔接的全过程在9s内自动完成。

2）LCD显示器使光纤熔接的各个阶段清晰可见。

3）体积小、重量轻。

4）采用交直流电源供电，特别适用于电信、广电、铁路、石化、电力、部队、公安等通信领域的光纤光缆工程和维护以及科研院所的教学与科研。

5. 光纤快速连接器的制作

接续光缆有皮线光缆和室内光缆，下面以皮线光缆为例介绍光纤快速连接器的制作。

（1）制作工具

1）光纤冷接使用光纤冷接与测试工具箱，型号为 KYGJX-35，如图4-85所示。

2）皮线剥线钳，用于剥除皮线光缆外护套，如图4-86所示。

3）光纤剥线钳，用于去除光纤涂覆层，如图4-87所示。

4）光纤切割刀如图4-88所示，用于切割光纤纤芯端面，切出来的光纤端面应为平面。

5）无尘纸，用于清洁裸纤，如图4-89所示。

6）光功率计和红光笔，用于测试光纤损耗。

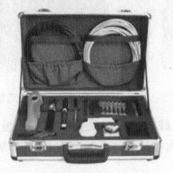

图 4-85　光纤冷接工具箱　　　　　　图 4-86　皮线剥线钳

图 4-87　光纤剥线钳　　　图 4-88　光纤切割刀　　　图 4-89　无尘纸

（2）光纤快速连接器的制作方法

下面以直通型快速连接器为例，介绍其制作步骤。

1）准备材料和工具。端接前，应准备好工具和材料，并检查所用的光纤和连接器是否有损坏。

2）打开光纤快速连接器。将光纤快速连接器的螺母和外壳取下，锁紧套松开，压盖打开，并将螺母套在光缆上，如图4-90、图4-91所示。

图4-90　打开快速连接器

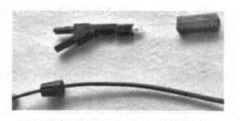

图4-91　将螺母套在光缆上

3）切割光纤。

① 使用皮线剥线钳剥去50mm的光纤护套，如图4-92所示。

② 使用光纤剥线钳剥去光纤涂覆层，用干净的无尘纸蘸酒精擦去裸纤上的污物，将光纤放入导轨中定长，如图4-93所示。

图4-92　剥去光纤护套

图4-93　将光纤放入导轨中定长

③ 将光纤和导轨条放置在切割刀的导线槽中，依次放下大小压板，左手固定切割刀，右手扶着刀片盖板，并用大拇指迅速向远离身体的方向推动切割刀刀架（使用前应回刀），完成切割，如图4-94所示。

4）固定光纤。将光纤从连接器末端的导入孔处穿入，如图4-95所示，外露部分应略弯曲，说明光纤接触良好。

5）闭合光纤快速连接器。将锁紧套推至顶端夹紧光纤，闭合压盖，拧紧螺母，套上外壳，完成制作，如图4-96所示。

图4-94　切割光纤

图4-95　将光纤穿入连接器

图4-96　制作好的光纤快速连接器

6. 光纤冷接子的结构原理

光纤冷接子实现光纤与光纤之间的固定连接。皮线光纤冷接子适用于2×3mm皮线光纤、2.0mm/3.0mm单模/多模光纤，如图4-97所示。光纤冷接子适用于250μm/900μm单模/多模光纤，如图 4-98 所示。

两种冷接子原理相同，图 4-99 和图 4-100 所示分别为皮线光纤冷接子拆分图和内腔结构图，由图可以看出，两段处理好的光纤纤芯被从两端的锥形孔推入，内腔逐渐收拢的结构可以很容易地使其进入中间的 V 形槽部分，从 V 形槽间隙推入光纤到位后，向中间移动两个锁紧套压住盖板，使光纤固定，就完成了固定的连接。

图 4-97　皮线光纤冷接子

图 4-98　光纤冷接子

图 4-99　皮线光纤冷接子拆分图

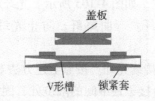

图 4-100　皮线光纤冷接子内腔结构图

7. 光纤冷接子的制作

接续光纤有皮线光纤和室内光纤，下面以皮线光纤为例介绍冷接子的制作。

1）准备材料和工具。端接前，应准备好工具和材料，并检查所用的光纤和冷接子是否有损坏。

2）打开冷接子备用，如图 4-101 所示。

3）切割光纤。

① 使用皮线剥线钳剥去 50mm 的光纤护套，如图 4-102 所示。

② 使用光纤剥线钳剥去光纤涂覆层，用干净的无尘纸蘸酒精擦去裸纤上的污物，将光纤放入导轨中定长，如图 4-103 所示。

③ 将光纤和导轨条放置在切割刀的导线槽中，依次放下大小压板，左手固定切割刀，右手扶着刀片盖板，并用大拇指迅速向远离身体的方向推动切割刀刀架（使用前应回刀），完成切割，如图 4-104 所示。

图 4-101　冷接子

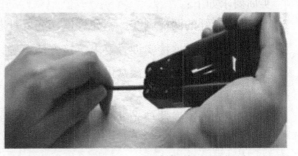

图 4-102　剥去光纤护套

图 4-103　将光纤放入导轨中定长　　　　　　　　　图 4-104　切割光纤

4）将光纤穿入皮线冷接子。把制备好的光纤穿入皮线冷接子，直到光纤外皮切口紧贴在皮线座阻挡位，如图 4-105 所示。光纤对顶应产生弯曲，此时说明光纤接续正常。

5）锁紧光纤。弯曲尾纤，防止光纤滑出；同时取出卡扣，压下卡扣锁紧光纤，如图 4-106所示。

6）固定两接续光纤。按照上述方法对另一侧光纤进行相同处理，然后将冷接子两端锁紧块先后推至冷接子最中间的限位处，固定两接续光纤，如图 4-107 所示。

7）压下皮线盖，完成皮线接续，如图 4-108 所示。

图 4-105　将光纤穿入皮线冷接子　　　　　　　图 4-106　压下卡扣，锁紧光纤

图 4-107　冷接子两端锁紧　　　　　　　　图 4-108　制作完成

4.2.5　巩固实训

实训：光纤熔接

实训要求如下：

视频操作 4-6

1）完成光纤的两端剥线。不允许损伤光纤纤芯，而且长度合适。

2）完成光纤的熔接实训。要求熔接方法正确，并且熔接成功。

3）完成光纤在光纤熔接盒内的固定。

4）完成耦合器的安装。

5）完成光纤收发器与光纤跳线的连接。

实训步骤如下：

1）光纤的两端剥线。

2）光纤在熔接盒内的固定。

3）光纤熔接。

4）光纤耦合器的安装。

5）完成布线系统光纤部分的连接。

6）完成实训内容后，以组为单位填写实训报告11，并交由教师处理。（详见附录）

习题 4

简答题

1. 综合布线系统常用的传输介质有哪些？

2. 双绞线的种类有哪几种？制作流程是什么？

3. 简述配线端接技术原理。

4. 在综合布线系统中，使用的线槽主要有哪几种？

5. 简述减速网络双绞线的剥线方法。

6. 简述光纤熔接过程。

7. 简述光纤互连过程。

8. 简述光纤熔接技术的原理。

9. 简述光纤冷接子的制作过程。

10. 说明光纤与光缆的区别。

附录 实 训 报 告

实训报告 1

实训编号 名称	网络插座的设计和安装	教师评价	
组员		报告人	
实训材料			
自我评价			
改进意见			

思考

1. 实训过程描述

2. 总结

实训报告 2

实训编号 名称	PVC 线管的布线工程技术		教师评价	
组员			报告人	
实训材料				
自我评价				
改进意见				

思考

1. 实训过程描述

2. 总结

实训报告 3

实训编号 名称	PVC 线槽的布线工程技术	教师评价	
组员		报告人	
实训材料			
自我评价			
改进意见			

思考

1. 实训过程描述

2. 总结

实训报告 4

实训编号 名称	壁挂式机柜的安装		教师评价	
组员			报告人	
实训材料				
自我评价				
改进意见				

思考

1. 实训过程描述

2. 总结

实训报告 5

实训编号 名称	机柜内配线设备的安装	教师评价	
组员		报告人	
实训材料			
自我评价			
改进意见			

思考

1. 实训过程描述

2. 总结

实训报告 6

实训编号 名称	**RJ-45 接头端接和跳线制作及测试实训**	教师评价	
组员		报告人	
实训材料			
自我评价			
改进意见			

思考

1. 实训过程描述

2. 说明什么是直通线，什么是交叉线

3. TIA/EIA 标准规定了两种端接 4 对双绞线电缆时每种颜色导线的排序，分别为 T568A 标准和 T568B 标准，写出其线缆颜色排序

4. 总结经验（需注意的问题）

实训报告7

实训编号 名称	打线训练：永久链路端接	教师评价	
组员		报告人	
实训材料			
自我评价			
改进意见			

思考

1. 实训过程描述

2. 总结

实训报告 8

实训编号 名称	打线训练：网络模块原理端接实训	教师评价	
组员		报告人	
实训材料			
自我评价			
改进意见			

思考

1. 实训过程描述

2. 总结

实训报告 9

实训编号 名称	组建基本永久链路实训	教师评价	
组员		报告人	
实训材料			
自我评价			
改进意见			

思考

1. 实训过程描述

2. 总结

实训报告 10

实训编号 名称	110 通信跳线架端接实训 （组建复杂链路）	教师评价	
组员		报告人	
实训材料			
自我评价			
改进意见			

思考

1. 实训过程描述

2. 总结

实训报告 11

实训编号 名称	光纤熔接实训	教师评价	
组员		报告人	
实训材料			
自我评价			
改进意见			

思考

1. 实训过程描述

2. 总结

参 考 文 献

[1] 杜思深. 综合布线 [M]. 2版. 北京：清华大学出版社，2015.

[2] 于鹏，丁喜纲. 网络综合布线技术 [M]. 北京：清华大学出版社，2009.

[3] 禹禄君，金富秋. 综合布线技术教程 [M]. 北京：北京邮电大学出版社，2008.

[4] 刘彦舫，褚建立. 网络综合布线实用技术 [M]. 2版. 北京：清华大学出版社，2010.

[5] 张宜，陈宇通，房毅，等. 综合布线系统白皮书 [S]. 北京：清华大学出版社，2010.

[6] 王公儒. 综合布线工程实用技术 [M]. 2版. 北京：中国铁道出版社，2015.

[7] 赵梓森，等. 光纤通信工程（修订版）[M]. 北京：人民邮电出版社，2002.

[8] 程良伦. 网络工程概论 [M]. 北京：机械工业出版社，2007.

[9] 张引发，王宏科. 光缆线路工程设计、施工与维护 [M]. 2版. 北京：电子工业出版社，2007.

[10] 俞承杭. 计算机网络构建与安全技术 [M]. 北京：机械工业出版社，2008.

[11] 郝文化. 网络综合布线设计与案例 [M]. 2版. 北京：电子工业出版社，2008.